Deva Vanshi Anita Hinterschuster

*Mein Standpunkt auf der Erde –*

Eine ganzheitliche Fußreflexzonentherapie
für Körper und Seele

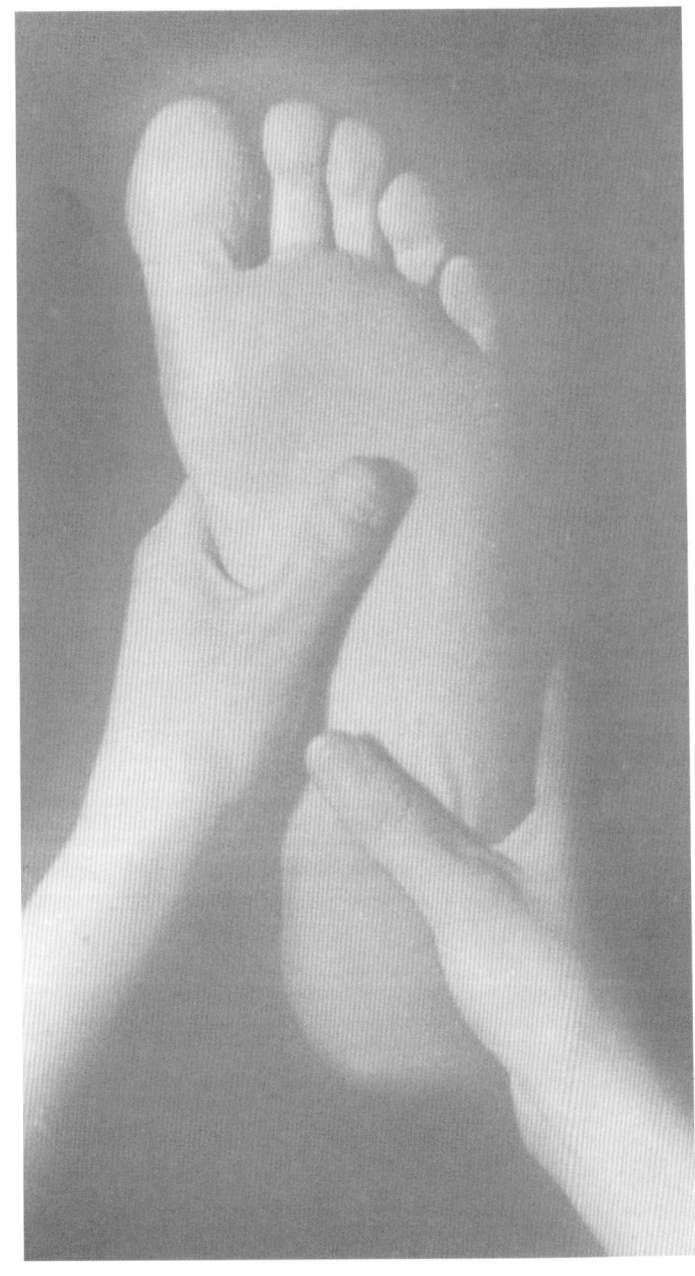

Deva Vanshi Anita Hinterschuster

# Mein Standpunkt auf der Erde –

## Eine ganzheitliche Fußreflexzonentherapie für Körper und Seele

fit fürs Leben Verlag

Die Studien und Erkenntnisse über die Anwendungen in diesem Buch
wurden sorgfältig recherchiert und nach bestem Wissen und Gewissen
wiedergegeben. Alle Informationen ersetzen aber in keinem Fall den Rat
und die Hilfe eines Arztes oder Heilpraktikers.
Der Verlag und die Autorin übernehmen keine Haftung für Schäden, die
sich durch unsachgemäße Anwendung der dargestellten
Behandlungsmethoden oder Rezepturen ergeben, und übernehmen auch
keinerlei Verantwortung für medizinische Forderungen.

Deva Vanshi Anita Hinterschuster
Mein Standpunkt auf der Erde
Eine ganzheitliche Fußreflexzonentherapie
für Körper und Seele
1. Auflage 1999. © Fit fürs Leben-Verlag
in der Natura Viva Verlags GmbH
71256 Weil der Stadt

Titel: Peter Jaruschewski, Oldenburg
Lektorat: Britta Kurtz, Bremen
Gestaltung und Satz:
ES Typo-Graphic, Ellen Steglich, Stuttgart
Printed 1999 in Italy,
Druck auf chlorfrei gebleichtem Papier

ISBN 3-89526-033-9

# Inhaltsverzeichnis

# Einleitung

Dieses Buch zu schreiben, war für mich ein großes Abenteuer. Meine eigenen körperlichen und seelischen Erfahrungen haben mich motiviert, die Zusammenhänge zwischen dem Körper und dem Entstehen von Krankheit auch anderen Menschen mitzuteilen. Dabei haben die Begegnungen mit meinen spirituellen Lehrern mir das Eintauchen in mein Herz und in die Stille ermöglicht. Für dieses Geschenk, durch das eine heilsame Behandlung erst möglich wird, bin ich ihnen sehr dankbar. Ich habe meinen eigenen Weg bei den Füßen begonnen und teile nun meine Erfahrungen mit diesen Wurzeln, die durch die Körpersprache und die Charakterstruktur erweitert wird. Meine Reise in innere Räume hat mir die Beziehung von Körper und Geist transparenter gemacht. Jeder neue Schritt hat mich weiter in die Gegenwart gebracht.

Auf dem Weg in diese neuen Dimensionen habe ich viel Unterstützung von meinen Freundinnen und langjährigen Wegbegleiterinnen *Elisabeth, Margarete, Maria-Christina, Sabine, Ursula, Renate, Silvia, Christine, Walli* und *Marita* erfahren. Besondere Dankbarkeit gilt meiner Freundin *Annapûrnâ* – sie ist spirituelle Begleitung und Spiegel auf meinem Weg zu meiner Wurzel. Die Unterstützung meiner Freundinnen, mich in den verschiedenen Stadien meines Buches korrigierend, kommentierend und diskutierend zu begleiten, hat mir geholfen, den roten Faden zu finden. Ich hoffe, dass die Leserinnen und Leser durch dieses Buch etwas von der Wurzel der eigenen Heilung verstehen lernen.

Mein besonderer Dank gilt allen Heilern, die mich in ganzheitliche Heilweisen eingeweiht haben – dadurch habe ich gelernt, meinen Körper zu lieben und zu achten. An diesem

Prozess haben meine Freunde *Boaz* und *Kali\** großen Anteil, die mich durch die Ganzheitliche Massage die Kunst des Berührens lehrten, die ich voller Achtsamkeit in meine Arbeit einbringen konnte.

Voll Dankbarkeit bin ich auch für die Inspiration und die heitere Gelassenheit, die mir die Bücher des indischen Mystikers *Osho* vermittelt haben. Ohne diese Führung wäre ich wohl manchmal auf dem Weg zwischen meinen Füßen und meinem Herzen verlorengegangen.

*Osho* schreibt in dem »Buch der Heilung«:
■ »*Der Therapeut steht im Dienste des Lebens. Er muß lebensbejahende Werte schaffen, die er selbst lebt, indem er in die Stille seines eigenen Herzens eintaucht. Je tiefer du in dir selbst ruhst, umso tiefer kannst du das Herz eines anderen erreichen.*« ■

---

\* Frank Boaz Leder und Kali von Kalckreuth, »TouchLife – Massage, die schön macht. Natürliches Lifting für Körper und Geist«.

# Die Füße –
## Standpunkte unseres Lebens

Unsere Füße bilden die wichtigste energetische Verbindung zwischen oben und unten, zwischen Organismus und Erde. Nur spontane Gefühle und Ehrlichkeit ermöglichen einen gesunden Standpunkt auf der Erde. Automatisch richten sich die Fußsohlen zum Erdmittelpunkt aus. Über diesen Kontakt vermitteln uns die Füße das Gefühl, als seien sie unser Fundament, mit dem wir verwurzelt sind. Im Tao de King steht: »*Die Reise von tausend Meilen beginnt dort, wo deine Füße stehen.*« Auf diese Reise begeben wir uns mit jedem Schritt unseres Weges mehr ins Leben hinein.

### Der Ursprung der Fußreflexzonenmassage

In China können die Erfahrungen mit der Massage des Fußes bis in die vorchristliche Zeit zurückverfolgt werden. Dort wurden bereits vor mehr als 5000 Jahren Menschen über die Massage der Füße und anderer Hautpunkte geheilt. Die Chinesen wiesen als erste nach, dass mit Akupressur – dem Vorläufer der heutigen Fußreflexzonenmassage – Krankheiten innerer Organe durch den Druck auf bestimmte Hautzonen beeinflusst und geheilt werden können. Damals entwickelte sich die von der chinesischen Naturphilosophie getragene Vorstellung von Energiebahnen (Meridiane), die den Körper durchdringen und die bei Störungen wieder normalisiert werden können.
Die chinesische Medizin geht davon aus, dass der Körper durch zwölf Energiebahnen mit der Lebenskraft sowohl umhüllt als auch durchdrungen wird. Diese zwölf Meridiane sind paarweise im Körper angeordnet. Sie haben etwa 700 verschiedene

Kraftstationen (Akupunkturpunkte), in denen die Lebenskraft pulsiert und die als Lichtpunkte mit Hilfe der Kirlian-Photographie sichtbar gemacht werden können. Die Vital-energie des Körpers strömt durch dieses Lichtfeld und ver-bindet die zwölf Hauptbahnen miteinander, die jeweils einem Körperorgan zugeordnet sind und untereinander hierarchisch angeordnet sind. Sechs Meridiane liegen auf der linken Seite und sind dem weiblichen Yin-Prinzip zugeordnet, die anderen sechs Bahnen befinden sich auf der rechten Körperseite und sind dem männlichen Yang-Prinzip zugeordnet. Nach der Lehre der chinesischen Medizin setzt bei einer Krankheit ein Zyklus der Zerstörung ein. Jeder durchlebte Krankheitsprozess jedoch, in dem die Lebenskraft gesiegt hat, endet mit dem Zyklus des Aufbaus, des Gesundwerdens. Die Anwendung von chemischen Mitteln der westlichen Schulmedizin kann diesen Zyklus durch die Unterdrückung der Symptome unterbrechen. Wird zum Beispiel eine Blasenentzündung (Element Wasser) nicht mit ganzheitlichen Methoden wie Homöopathie, Wärme oder Reflexzonenmassage behandelt und kuriert, sondern durch Antibiotika unterdrückt, können Milz, Bauchspei-cheldrüse und Magen (übergeordnetes Element Erde) von der Krankheit mitbetroffen werden, um einen Ausgleich herzu-stellen. Das Erdelement steht für die Assimilierung von Fremdeinflüssen und kann die Verarbeitung der Krankheit be-wirken. Gelingt der Ausgleich nicht, wird die Krankheit zurückgedrängt und kann eine chronische Störung in den be-troffenen Organen verursachen.

■ Der linke Fuß ist dem weiblichen Prinzip Yin zu-geordnet, der rechte dem männlichen Prinzip Yang. ■

## Die Füße als Abbild des Körpers

Dem amerikanischen Arzt Dr. *William Fitzgerald* verdanken wir
die Zuordnung der Reflexpunkte zu den inneren Organen. Er
arbeitete ab 1912 mit der Masseurin *Eunice Ingham* zusammen.*
Die beiden Therapeuten verbanden die chinesische Aku-
pressur- und Akupunkturlehre mit der indianischen Volks-
medizin, die ebenfalls auf einem holistischen Bild vom
Menschen basiert (Holismus = »Ganzheitslehre«). Durch die
Wiederentdeckung dieser Ganzheitslehre können wir die
Zusammenhänge zwischen den Füßen und den Organpunkten
verstehen lernen. Der ganze Mensch spiegelt sich in den
Händen, den Ohren, der Nase, der Zunge und den Füßen wider; wir müssen nur in diesem Spiegel lesen lernen. In den letzten Jahren hat diese Sichtweise, verbunden mit alternativen
Heilmethoden, in Europa viel Beachtung und Interesse gefun-
den. Vor allem die Fußreflexzonenmassage hat durch die
effektive und doch einfache Handhabung endlich ihren
»Durchbruch« erlebt. In Deutschland hat *Hanne Marquardt* ent-
scheidend dazu beigetragen, dass die Fußreflexzonen-
arbeit einen anerkannten Platz unter den ganzheitlichen
Heilweisen einnimmt.**
Betrachten wir den Fuß von der Seite, erinnert die Innenseite
des Fußes an einen sitzenden Menschen. Das verkleinerte
Abbild des Menschen spiegelt sich so an den Füßen wieder. Dr. *Fitzgerald* teilte die Körperzonen in zehn ver-
tikale und vier horizontale Zonen ein und übertrug
sie auf den Fuß. Dadurch wird eine
präzise Zuordnung der Körperzonen
zu den Organen möglich. Die Längszonen kommenbereits in der chinesischen Meridianlehre vor. Insbesondere die Querzonen vermitteln jedoch
eine genaue Vorstellung über die Lage
der Organe im Fuß.

*  E. Ingham: Geschichten, die die Füße erzählen können …
** H. Marquardt, Reflexzonenarbeit am Fuß.

## Längs- und Querzonen des Körpers und ihre Entsprechungen am Fuß

Längszonen 1—5 (rechts/links)

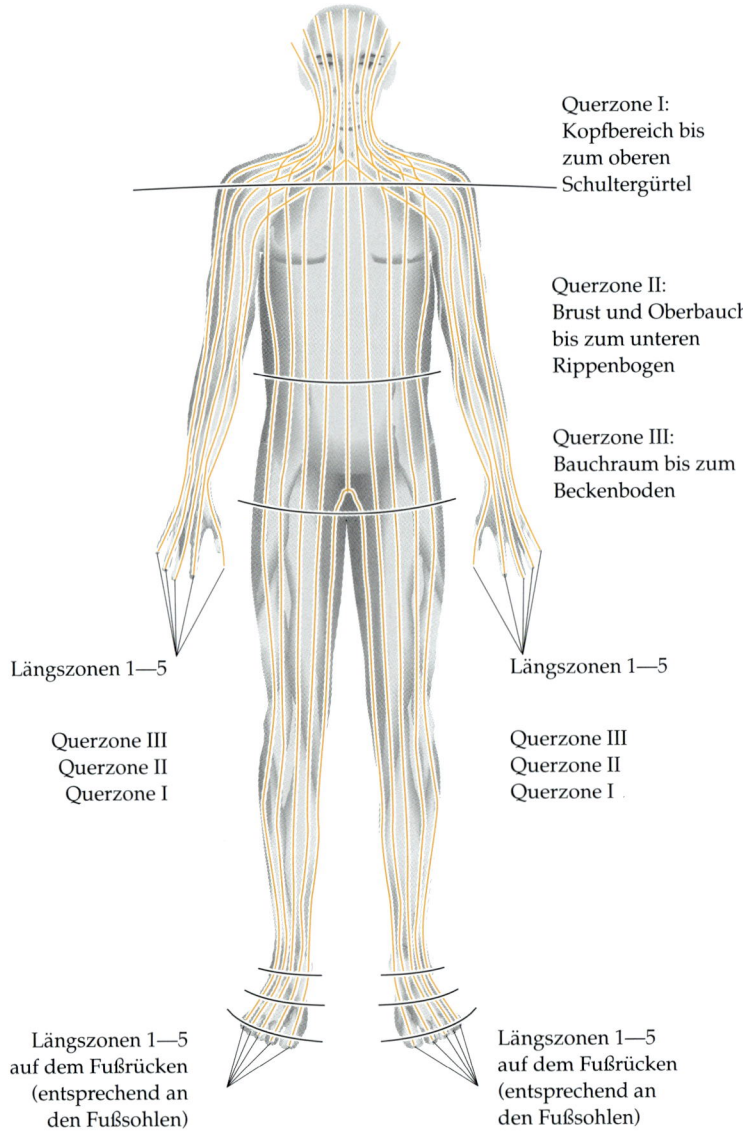

Querzone I:
Kopfbereich bis
zum oberen
Schultergürtel

Querzone II:
Brust und Oberbauch
bis zum unteren
Rippenbogen

Querzone III:
Bauchraum bis zum
Beckenboden

Längszonen 1—5

Querzone III
Querzone II
Querzone I

Längszonen 1—5

Querzone III
Querzone II
Querzone I

Längszonen 1—5
auf dem Fußrücken
(entsprechend an
den Fußsohlen)

Längszonen 1—5
auf dem Fußrücken
(entsprechend an
den Fußsohlen)

1. Die obere Querzone mit den Zehen reflektiert die Organpunkte, die dem Kopf, dem Hals und dem Nacken zugeordnet sind.
2. In der zweiten Querzone, dem Ballenbereich, befindet sich
   direkt unter den Zehengrundgelenken der Schultergürtel.
   Der Brustraum mit Lunge, Bronchien und allen anderen
   Organen, die sich im Bereich bis zum unteren Rippenbogen
   befinden, liegen hier.
3. Der dritte Abschnitt ist dem Beckenraum und dem Bauch
   zugeordnet. Diese Organe liegen im Mittelfuß, wo das Ge-
   wölbe des Fußes weich und empfindlich ist.
4. Die Beine und die Ischiasnerven liegen im vierten Abschnitt
   des Fußes, der Fußwurzel und der Ferse.

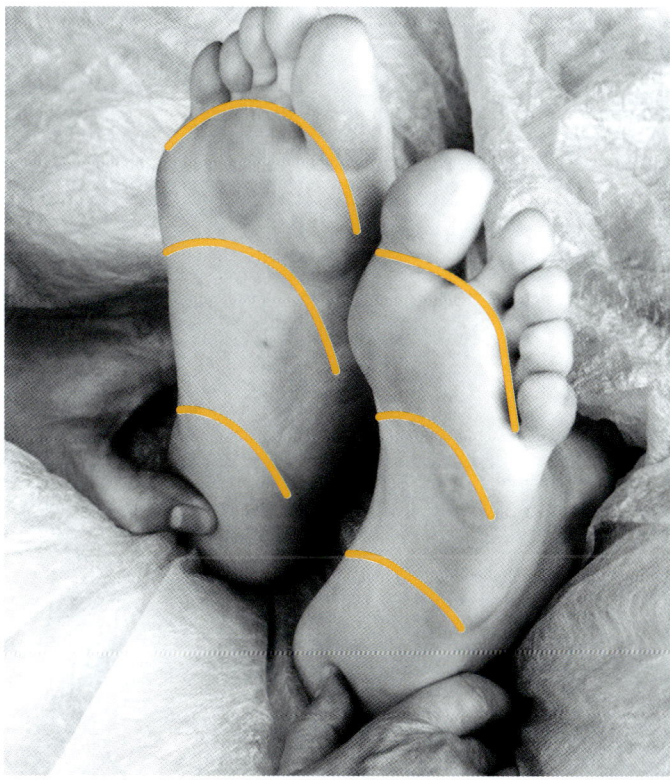

Abb. 4
Die Einteilung der
Querzonen an den
Fußsohlen.

Die Organpunkte der rechten Körperseite liegen in dem rechten Fuß, die der linken Körperseite im linken Fuß. An der Innenseite des Fußes, am Fußknochen entlang, liegt der Bereich der Wirbelsäule, der sich in die rechte und linke Seite der Wirbelsäule teilt. Alle Organe, die in der Körpermitte liegen, spiegeln sich als Organpunkte im mittleren Teil der jeweiligen Fußsohle oder an der Innenseite des Fußes wieder. Sie haben durch ihre zentrale Lage in der Mitte des Körpers am Fuß zwei Zuordnungspunkte. So befinden sich am inneren Fersenbereich an beiden Füßen die Organpunkte für den Uterus und die Genitalien. Der Leistenkanal führt vom inneren Knöchel zum äußeren Knöchel. Eine Massage dieser beiden Punkte nacheinander verschafft Erleichterung im Beckenraum (vgl. Abb. S. 60 [Reflexzonenpunkte 38, 39 über 44 zu 51]).

Im Übergangsbereich zwischen dem seitlichen Fuß und der Fußsohle, wo die Ferse beginnt, liegt der Blasenpunkt. Er wird immer in Verbindung mit Niere und Harnleiter massiert. Ausscheidungsorgane dienen zur Entgiftung, wobei die Niere durch den direkten Ausgang über die Blase diese Funktion hervorragend erfüllt. Bei einer Erkältung sollten diese Punkte immer mitmassiert werden (Abb. s. 126/127 [Reflexzonenpunkte 26, 24 und 25]).

Die Außenseiten der Fersen reflektieren die Punkte der Eierstöcke und der Eileiter, die rechts und links im Bauchraum liegen. Fährt man mit dem Daumen die äußere Fußseite entlang, kommt man zum Mittelfußknochen. Er weist den Organpunkt für den Ellbogen auf und führt, in Richtung des kleinen Zehs, über den Oberarmpunkt zum Schultergelenk (Abb. 5).

Um die Knöchel herum befinden sich die Hüftgelenkspunkte. Bei einer Massage von den Knöcheln zu den Unterschenkeln wird das Gewebe der Oberschenkelmuskulatur gestrafft; sehr hilfreich zum Beispiel bei Cellulite.

Abb. 5

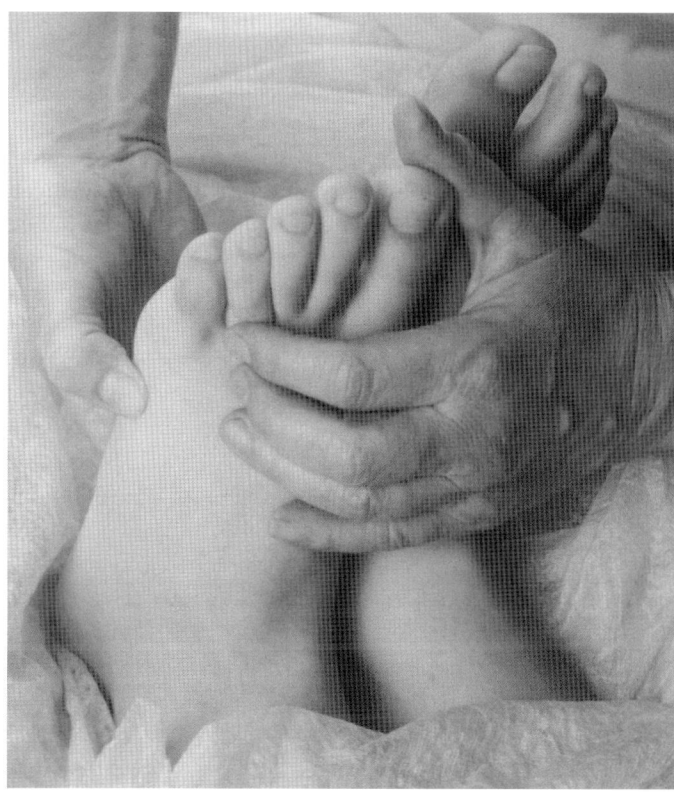

Die Brustbezugszone erstreckt sich auf der Fußoberseite direkt hinter den Zehengrundgliedern, beginnend zwischen dem großen, ersten und zweiten Zeh bis hinüber zum vierten Zeh (siehe obenstehende Abbildung). Sie verdient besondere Beachtung. Das regelmäßige Abtasten dieser Zone kann frühzeitig Hinweise auf eine Knotenbildung im Brustbereich geben. Eine Massage der Brustbezugszone in Verbindung mit den rechts und links davon liegenden Lymphbahnen führt zu einer Entlastung. Sie ist aber eher eine vorbeugende Maßnahme und ersetzt nicht die Diagnostik mit Hilfe der Mammographie.

## Füße und Beine sind unsere Wurzeln

Viele Menschen besitzen keinen lebendigen Kontakt mehr zu ihrem eigenen Körper. Sie haben es verlernt, ihre Gefühle körperlich bewusst wahrzunehmen. Dennoch speichert der Körper alle wahrgenommenen sowie alle verdrängten und unverarbeiteten Gefühle wie einen Fingerabdruck. Die Fußmassage ist eine hervorragende Möglichkeit, Bewusstsein für unseren Körper und unsere spontanen Gefühle wiederherzustellen. Seitdem ich meinen Beinen und Füßen durch die Fußreflexzonenreflexmassage besondere Aufmerksamkeit schenke, fühle ich mich mit meinen Füßen und mit meinem Körper viel stärker verwurzelt und in lebendigem Kontakt.

Betrachten Sie einmal in Ruhe Ihre Füße. Sie sind vergleichbar mit den Wurzeln eines Baumes. Je kraftvoller die Füße sind, desto besser ist jemand im Leben verwurzelt. Er nimmt seinen Platz ein. Wer mit beiden Beinen fest auf der Erde steht, ist ein bodenständiger Mensch. Ein guter Stand vermittelt das Gefühl von Sicherheit und Stabilität. Sind die Beine eher wenig entwickelt und schwach, kann der Mensch vermutlich schlecht auf eigenen Beinen stehen.

■ Ein geübter Fußreflexzonentherapeut versteht es, organische und seelische Leiden über die Füße als verkleinertes Abbild des Körpers zu erkennen. ■

Bei Säuglingen gibt es noch keine Bodenständigkeit. Ihre Beine und Füße sind klein und wenig ausgebildet; sie hängen kraftlos an dem kleinen Körper herab und haben noch keine Richtung. Die Verbindung zur Erde wurde noch nicht aufgenommen. Bereits ab dem vierten Monat versuchen sich Babies auf die Beine zu stellen. Dabei wippen sie, um ihre Beinmuskulatur zu kräftigen. In weniger als einem Jahr steht der kleine Mensch auf seinen Füßen. Er macht die ersten wackligen Schritte in Richtung Freiheit und Unabhängigkeit. Sobald er sich aufstellt, richtet er seine Fußsohlen dem Erdmittelpunkt entgegen. Die Erfahrung, den Körper aufrichten und das Gleichgewicht beim Laufen halten zu können, gibt dem Kleinkind Selbstvertrauen. Mit jedem Schritt vertraut das Kind seinen Fähigkeiten mehr. Mit der Bewegung der Beine entwickelt sich auch der menschliche Willen. Wird ein Kind zornig, versucht es seinen Willen manchmal durch heftiges Auftreten durchzusetzen. Es dauert oft lange, bis es erkennt, dass das Leben sich nicht immer durch den Willen beeinflussen lässt. Die Füße haben bei jeder Bewegung ein erhebliches Gewicht auszuhalten. Darum sind die Fußgelenke in besonderem Maße anfällig für Verletzungen. Sie sind am stärksten der Schwerkraft ausgesetzt. Im Knöchel sitzt die Angst vor Veränderungen im Leben. Wenn eine Anforderung des Lebens auch eine Niederlage beinhalten könnte, erzeugt diese Anforderung Angst, die uns vor unbedachten Schritten schützen soll. Gleichzeitig kann uns die Angst aber auch daran hindern, eine neue Erfahrung zu machen. Wir suchen Schutz bei bekannten Verhaltensmustern, während unser innerer Kern bemüht ist, uns zu neuen, strukturüberschreitenden Erfahrungen zu bewegen.

■ Den Standpunkt im eigenen Leben finden lernen, heißt sich verwurzeln. ■

Vielleicht fragen Sie sich jetzt: »*Wie ist mein Standpunkt, wie stehe ich im Leben? Bin ich bodenständig und verwurzelt mit der Mutter Erde? Bin ich im Gleichgewicht und stehe ich auf dem Boden der Realität? Stehe ich Konflikte durch und weiß, wo es im Leben hingeht?*« Durch die Beantwortung dieser Fragen entdecken Sie Ihren eigenen Standpunkt im Leben.

■ Im Sanskrit steht:
»*Wenn du ein Buddha werden willst, mußt du fest mit der Erde verwurzelt sein, um den Kopf bis hoch in den Himmel zu strecken.*« ■

## *Was unsere Füße und Beine über uns aussagen*

■ Füße ■

Nimmt das Bewusstsein für die eigenen Füße zu, fällt uns im Bus oder in der Bahn häufiger auf, wie unterschiedlich Menschen ihre Füße vor sich hinstellen. Bei manchen zeigen die Fußzehen zueinander, so dass sie fast einen Halbkreis bilden. Diese Menschen sind eher verschlossen und nehmen nur wenige Eindrücke von außen wahr. Anders ist es bei Menschen, die breitbeinig und mit nach außen gerichteten Füßen auf ihrem Platz sitzen. Sie fangen gern ein Gespräch an und freuen sich

■ Die Form und Haltung seiner Füße kann viel über die Charaktereigenschaften eines Menschen verraten. ■

über Anregungen von außen. Die Fußhaltung kann also ein Zeichen sein, ob ein Mensch extrovertiert und bereit ist, Eindrücke aufzunehmen.

Auch andere Charakterzüge eines Menschen drücken sich in der individuellen Form seiner Füße aus. So tragen schmale, zarte Füße einen vergeistigten Menschen, der sich kaum für das Materielle interessiert. Im Gegensatz dazu weisen kräftige, starke Füße auf einen geerdeten, willensstarken Charakter hin. Ein grober, cholerischer Charakter prägt einen außergewöhnlich langen und breiten fleischigen Zeh aus. Dieser Charakter hat ein ausgeprägtes Streben nach Macht (Vaterprinzip, siehe unten). Seine einzelnen Zehen haben größere Zwischenräume. Besonders fällt der große Zwischenraum zwischen großem Zeh und zweitem Zeh auf: Das Seelische verbindet sich nicht mit dem Materiellen. Dieser Fuß sagt aus, dass von diesem Menschen Besitztum und Materie überbetont werden.

Ein großer Zwischenraum zwischen dem großen und dem zweiten Zeh kann auch bedeuten, dass der eigene Wille und die seelischen Impulse wenig Kontakt miteinander haben. Die Zwischenräume der Zehen können sich im Laufe eines Lebens verändern, wenn die seelischen Impulse mehr auf das Denken Einfluss nehmen. Bei einem schön zusammengefügten Halbrund vermitteln uns die Zehen dann ein harmonisches Bild von innen und außen. Die Bedeutung der Fußzehen wird noch näher in dem Abschnitt »Zehen als Ausdruck des Charakters« beschrieben.

Die Form der Füße bestimmt die Art des Schrittes, dessen Rhythmus und Kraft wiederum den Menschen charakterisieren. Bei jedem Schritt bewegt der Mensch sein Gewicht von der Ferse über die Wölbung des Fußes bis in die Zehen. Dabei hält hauptsächlich der große Zeh das Gleichgewicht. Ein Mensch mit gesunden Füßen spart beim Abrollen den inneren Teil des Fußes aus.

## ■ Beine ■

Unruhige Menschen, die zur Unbeständigkeit neigen, haben oftmals dünne Beine. Eilig und gehetzt laufen sie durchs Leben. Aus Angst, etwas zu verpassen, können sie sich nicht verwurzeln. Unter dem Motto: *Heute hier, morgen dort – bin ich hier, muß ich fort*, ziehen manche Menschen ruhelos von einer Wohnung in die nächste.

Menschen mit einem schweren, schleppenden Gang haben oftmals dicke und übergewichtige Beine. Diese Menschen sind selten aktiv, da sie alles sehr anstrengend finden. Sie verreisen nur ungern und fühlen sich zu Hause auf der Couch am wohlsten.

Die untere Körperhälfte eines Menschen wird deutlich durch die Charaktermerkmale der Beine gekennzeichnet. Ihre Schwere oder Beweglichkeit, ihr Verwurzeltsein oder das Wurzellose gibt den Beinen ihr individuelles Aussehen und ihren individuellen Ausdruck.

In den Oberschenkeln befinden sich u. a. die Impulse wegzulaufen oder zu treten. In Streßsituationen ist die Kniekehle blockiert, und die Oberschenkelmuskel werden angespannt. Der Körper schüttet Adrenalin aus, um die Körperkräfte zu mobilisieren. Kommt es dann nicht zu einer aktiven Bewegung, weil der Mensch eine starke Selbstkontrolle über seine Gefühle ausübt, so speichert der Körper die unausgedrückten Gefühle wie Wut und Angst. Ein anderer gerät in den Zustand des Schocks und ist so erschrocken, dass sein Körper erstarrt und jede Reaktion verhindert. Zwei Impulse können in einer solchen Situation gleichzeitig vorliegen: weglaufen und treten; demgegenüber stehen Schock und Angst, die uns von unseren Impulsen trennen. Wiederholen sich diese Situationen häufiger, kann sich eine Entzündung im Fettgewebe entwickeln, aus der unter Umständen Cellulite entsteht. Krämpfe in diesem Bereich bestätigen den Eindruck, dass dort etwas krampfhaft festgehalten wird. Je stärker die Kontrolle der unausgedrückten Gefühle ist, um so kräftiger werden sich die Oberschenkel ausprägen.

■ Krämpfe in den Oberschenkeln bestätigen den Eindruck, dass dort ein Gefühl krampfhaft festgehalten wird (meist Wut). ■

# II. Unsere Füße von A bis Zeh

## Die Füße

Wenn wir uns beide Fußsohlen als eine Einheit vorstellen, so ist der Fuß in

1. Zehenglieder;
2. Mittelfußknochen;
3. Kahnbein, Würfelbein und drei Keilbeine;
4. Fersen- und Sprungbein eingeteilt.

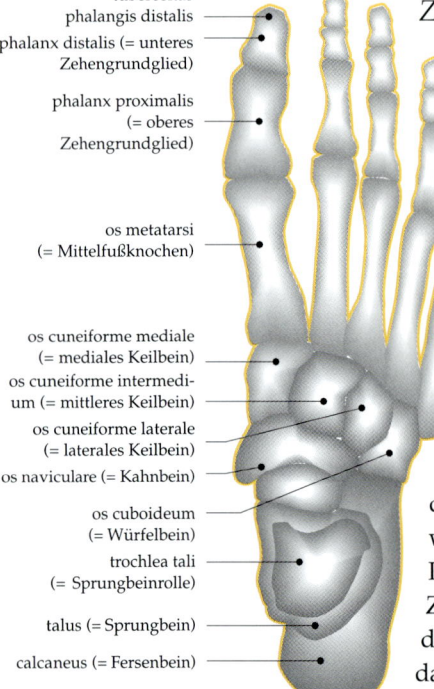

tuberositas phalangis distalis

phalanx distalis (= unteres Zehengrundglied)

phalanx proximalis (= oberes Zehengrundglied)

os metatarsi (= Mittelfußknochen)

os cuneiforme mediale (= mediales Keilbein)
os cuneiforme intermedium (= mittleres Keilbein)
os cuneiforme laterale (= laterales Keilbein)
os naviculare (= Kahnbein)

os cuboideum (= Würfelbein)

trochlea tali (= Sprungbeinrolle)

talus (= Sprungbein)

calcaneus (= Fersenbein)

## Zehen als Ausdruck des Charakters

Der zweite Zeh eines Fußes ist von besonderer Bedeutung, da er für das Gemüthafte und das Seelische im Menschen steht. Bei einem gesunden Menschen überragt der zweite Zeh den großen Zeh. In entspannter Stellung ist der Zeh nach vorn gerichtet. Menschen mit einem »abgeknickten« zweiten Zeh haben meiner Erfahrung nach emotionale Krisen erlitten, die nicht gelöst werden konnten. Sie versuchen, sich durch das Festkrallen auf der Erde mehr Sicherheit zu verschaffen, was ihnen aber nicht gelingt.

Ist der zweite Zeh kürzer als der große Zeh, kann man davon ausgehen, dass es diesem Menschen schwerfällt, seine Gedanken zu zügeln. Er ist eher zerstreut und zerfahren und kann sich nicht längere Zeit konzentrieren. Wenn die anderen drei Zehen in einem schönen Halbrund liegen, wird dieser Nachteil etwas abgemildert. Liegt der kleine Zeh etwas zurück und ist er darüber hinaus nach unten abgebogen, vermutet man eine starke Triebhaftigkeit.

Ein großer Zwischenraum zwischen dem großen und dem zweiten Zeh deutet darauf hin, dass die Verbindung zwischen Denken und Fühlen gestört ist. Es ist aber durchaus möglich, die Stellung der Zehen zueinander durch die langsame Annäherung von Psyche und Geist zu verändern. Körperarbeit, wie die Fußreflexzonenmassage, ist eine ideale Möglichkeit, um Körper, Geist und Seele zu verstehen, harmonisch in Einklang zu bringen und Krisen sinnvoll zu nutzen. Wie Sie sehen werden, können die unterschiedlichsten Störungen in Verbindung mit der Körpersprache und den Füßen ein tiefes Verständnis für den eigenen Körper schaffen. Die Fußreflexzonentherapie ist die Antwort auf viele Fragen und verdeutlicht das Mysterium Körper in Verbindung mit der Seele.

## Die Ferse: Mutterprinzip des Fußes

Ein Fuß wird insbesondere durch die Ferse geprägt. Sie hat meist eine deutlich kugelige Form. Eine schön ausgeprägte Ferse ist ein Zeichen eines gut entwickelten Willens. In der Fußreflexzonentherapie befinden sich an der Ferse die Punkte für die Genitalien. Die Ferse steht in der ganzheitlichen Sichtweise für das Mutterprinzip, das neues Leben schafft. Es zeigt, wie verwurzelt der Mensch mit dem tiefen, gefühlvollen Prinzip der Erde ist.

Eine starke Hornhautbildung an der Ferse weist auf ein verstärktes Bedürfnis nach Schutz hin; dahinter kann ein Konflikt mit der physischen Mutter stehen. Oft wird die eigene Mutter stark kritisiert oder die Mutterrolle wird grundsätzlich abgelehnt. Wenn eine Frau in diesem Konflikt lebt, verweigert sie ihren mütterlichen Aspekt, für sich und ihre Umgebung zu sorgen. Hornhaut wirkt hier wie eine Isolierung zwischen dem ursprünglichen Kontakt zur Erde und dem Körper.

■ Starke Hornhautbildung weist auf ein erhöhtes Bedürfnis nach Schutz hin. ■

Ist die Ferse überlang und bildet sich trichterförmig nach hinten aus, kann das auf einen habgierigen Charakter hindeuten. So wird im Märchen von Aschenputtel beschrieben, dass die Ferse ihrer Stiefschwester nach hinten ragte. Die zweite Stiefschwester hatte einen besonders großen dicken Zeh. Wie wir bereits wissen, zeichnet Menschen mit einem fleischigen Zeh meist ein ausgeprägtes Streben nach Macht aus. Beide Schwestern lassen sich ein Stück vom Fuß abschneiden, damit ihnen der zierliche Schuh von Aschenputtel paßt. Wenn wir dieses Märchen intuitiv erfassen, gibt es uns einen tiefen Einblick in die Verbindung von Körper und Seele, von Charakter und dem körperlichen Ausdruck.

## Der große Zeh: Vaterprinzip des Fußes

■ Häufig entwickeln besonders willensstarke Menschen, die sich grundsätzlich Autoritäten widersetzen, einen Hallux am Fuß. ■

Wie ein Fluss fließt bei jedem Schritt die Kraft von der Ferse die Innenseite entlang bis zum großen Zeh. Der große Zeh verkörpert das Autoritäts- oder das Vaterprinzip. In der Fußreflexzonenmassage finden wir dort als Organpunkte die Hypophyse und das Gehirn. Das Vaterprinzip steht mit dem Denken in Zusammenhang. Dieser Fluss der Kraft soll zwischen den beiden Prinzipien rhythmisch und ungehindert fließen, so dass Denken und Fühlen im Austausch stehen.

Ist der Energiefluss zwischen nährendem Mutterprinzip – der Ferse – und Autoritätsprinzip gestört, kommt es zur Vergrößerung des Ballens – dem Hallux. Diese Verformung prägen vor allem Frauen aus. Mir wurde von vielen Frauen mit einem vergrößerten Fußballen immer wieder von einer auflehnenden Haltung gegenüber ihrem Vater berichtet.

## Der Senk-Spreizfuß

Unsere Sohlen und Auftrittsflächen sind im Gegensatz zu Größe und Gewicht unseres Körpers relativ klein. Häufig werden Veränderungen an dieser Auftrittsfläche bereits in der Pubertät festgestellt, wenn Bänder und Muskeln durch schnelles Wachstum noch nicht gefestigt sind. Man spricht von einem

Senk-Spreizfuß (auch unter dem Begriff Plattfuß bekannt), bei dem sich das Körpergewicht in die Wölbung senkt; vom Mittelfuß spreizen sich die Knochen in die Breite. Durch die Breite wird mehr Bodenkontakt hergestellt und eine größere Sicherheit empfunden. Diese Sicherheit, sich der Erde zuzuneigen, hat aber ihren Preis. Das Einsinken der Fußwölbung verursacht viele gesundheitliche Beschwerden. Nicht nur der Fuß kann schmerzen; tiefgreifende Veränderungen in der Skelettstruktur bereiten auf Dauer dem Betroffenen Kopf- und Rückenschmerzen bis hin zu Hüftgelenksleiden. Schuheinlagen, die den Fuß unterstützen sollen, sind nur Krücken. Es ist sehr wichtig, die Muskulatur des Fußes durch Bewegung zu kräftigen, sie kann eine Verbesserung des Senk-Spreizfußes bewirken. Regelmäßige Wanderungen mit gutem Schuhwerk stärken die Fußmuskulatur und verbessern den Kontakt zur Erde.

■ »Plattfüße« scheinen mehr Sicherheit zu geben durch eine größere Auftrittsfläche. ■

Verantwortung und Bewußtsein für die Bedürfnisse unseres Körpers – und besonders unserer Füße – bringen uns tiefer in Verbindung mit den vitalen Bedürfnissen nach Bewegung, Lebensfreude, Tanzen und der Fülle des Lebens. Unsere Füße erzählen uns, wie wir im Leben stehen. Ob wir uns zaghaft bewegen oder energisch auf den Weg machen, kennzeichnet unseren Schritt. Ein Mensch, der sich um einen eigenen Standpunkt bemüht, kommt täglich einen Schritt näher zu seinen Wurzeln.

## *Quälende Druckstellen an den Füßen*

In China wurden in der Antike Schuhe getragen, die aus Holz waren und die Form von Booten hatten. Sie verursachten durch ihre Härte oftmals schmerzhafte Druckstellen an den Füßen. Die Holländer übernahmen später diese Art der Schuhanfertigung und entwickelten die Holzschuhe, die heute noch produziert und getragen werden. Diese Schuhform macht den Schritt langsam und schwer, aber sicher, als ob sich der Geist beim Auftreten auf den Boden konzentriert. Es ist die Gangart von Bauern, die eins mit der Erde sind.

Wenn breite, schwere Schuhe einen so tiefgreifenden Einfluss auf die Gangart und die Füße haben, wie wirken dann schmale und unbequeme Schuhe auf unsere Füße? Häufig verursachen zu enge Schuhe Hühneraugen und Verhärtungen an den Füßen, besonders dann, wenn bereits eine ungesunde Veränderung des Fußes vorliegt und der Schuh diesen Bereich einengt. Die Hornhaut, die sich möglicherweise bildet, soll den jeweiligen Organpunkt schützen (siehe »Mutterprinzip des Fußes«). Gleichzeitig isoliert die Hornhaut und ist eine Antwort auf den Druck von außen, der nicht nur auf den Fuß, sondern auf den gesamten Menschen einwirkt.

Bei einem Hühnerauge dringt die Spitze der Hornhaut tief und schmerzend bis in das Gewebe des Fußes ein. Das kann darauf hindeuten, dass das Organ, auf dem das Hühnerauge sitzt, eine grundlegende Störung aufweist. Auf einer Reflexzonenkarte oder in einem Meridianbuch sieht man, welcher Punkt oder welcher Meridian von einer tiefgreifenden Schwäche und Irritation betroffen ist.

■ Bequeme Schuhe sind der Schlüssel zu einem gesunden Geh- und Laufrhythmus. ■

Die Entwicklung von Hornhaut und Hühneraugen wird durch sehr hochhackige und spitzzulaufende Schuhe noch verstärkt. Sie verhindern das gesunde Abrollen des Fußes, unterbinden den rhythmischen Austausch zwischen Körper und Geist/ Willen und können auf Dauer zur Verkrüppelung des Fußes führen. Manchmal frage ich mich, warum viele Männer Frauen so gern in hochhackigen Schuhen sehen. Hat das möglicherweise mit dem Wunsch nach einer unsicheren, willensschwachen Frau zu tun? Nachdem wir bereits so viel über unsere Füße wissen, lege ich Ihnen ans Herz, nur noch weite und bequeme Schuhe zu tragen.*

---

* Wertvolle Informationen über gesunde Füße und das richtige Laufen sind in dem Buch »Füße, die Dich tragen« von Dr. Paul C. Bragg nachzulesen (erschienen im Waldthausen Verlag).

# III. Die Ausrichtung der Füße als Wegweiser

## Gehen regt das Denken an

Beim Gehen wird die Rückenmarkflüssigkeit entsprechend des Gehirngewichts verdrängt. Die rhythmische Bewegung ermöglicht einen pulsierenden Ausgleich zwischen Gehirn und Wirbelsäulenende und badet unser Nervensystem in einem sich ständig erneuernden und schützenden Quell, der zerebrospinalen Flüssigkeit.

Beim Laufen in steigendem Schritttempo werden durch den Rhythmus und die gegengleichen Bewegungen der Arme die linke und die rechte Gehirnhälfte miteinander verbunden: 10 Minuten langsam gehen in einem Tempo von 1 Schritt pro Sekunde, danach 10 Minuten 10 Schritte auf 6 Sekunden laufen (es gibt spezielle Laufuhren, die diesen Rhythmus vorgeben), abschließend 2 Schritte pro Sekunde. Diesen Rhythmus 20 Minuten beibehalten und dann 10 Minuten 1,5 Schritte in der Sekunde und 10 Minuten 1 Schritt pro Sekunde laufen. Die gesamte Laufzeit beträgt 30 Minuten und wirkt durch die gegengleiche Bewegung der Arme und Beine (linker Arm – rechtes Bein, rechtes Bein – linker Arm) wie ein Generator, der neue Gehirnkreisläufe schaltet, die das Denken unterstützen. Das Gehirn und unser gesamtes Energiefeld, das unseren Körper umgibt und durchdringt, wird dadurch über die Erdanziehung aufgeladen. Mit einer halben Stunde morgendlichem rhythmischen Gehen werden Körper, Geist und Füße miteinander verbunden und der Kopf für neue Gedanken frei.

Forschungen haben dieses längst vergessene Geheimnis wiederentdeckt, das unsere Intelligenz unterstützt. Zur Zeit des *Aristoteles* wurde durch stundenlanges Gehen in diesem Rhythmus die Intelligenz und die Denkfähigkeit verbessert.

■ Das längst vergessenen Geheimnis: rhythmisches Gehen lädt unser Gehirn wie ein Generator auf. ■

## Der Schritt als Maß des Temperaments

Der Schritt ist individueller Ausdruck des Temperaments eines Menschen, und besonders eindrucksvoll ist der Schritt eines dynamischen Menschen. Mit seiner Art, den Fuß auf der Erde aufzusetzen, unterstreicht er seinen willenstarken, mutigen Charakter. Wie wir schon bei dem Beispiel des Kleinkindes gesehen haben, unterstützt das feste Aufsetzen der Ferse den Willen.

Dieses Element haben die Gebirgsvölker aus der Alpenregion in ihre Tänze eingebaut. Oft finden wir dort »hand- und fußfeste« willensstarke Menschen, die sich gegen die rauhe Natur durchsetzen können. Ihren erdverbundenen, kraftvollen Charakter machen sie in ihren traditionellen Tänzen deutlich. Es gibt weitere Völker, die ihren Kampfesmut im Tanz ausdrücken. Ich denke dabei zum Beispiel an die Kosaken aus Vorderasien. Sie gehen beim Tanzen in die Hocke und schlagen die Fersen fest auf den Boden. Die Kosaken sind ein kriegerisches Volk, die mit dem Tanz ihren Willen zum Kampf fördern sowie ihren Mut und ihre Lebenskraft unterstützen.

■ Die Kosaken fördern ihren Mut und ihren Willen im Tanz. ■

Wenn Sie bereit sind, mindestens zehn Minuten lang rhythmisch im Tanz auf Ihren Füßen zu hüpfen und dabei kräftig die Fersen miteinzubeziehen, können Sie diese Erfahrung selbst machen. Die Kraft, die durch das tänzerische Abrollen und Aufschlagen der Füße entsteht, lässt eine enorme Lebenskraft aus den Füßen über den Rücken in den Kopf steigen.

Eine ganz andere Bedeutung hat ein Schrittrhythmus, bei dem das Abrollen der Füße vermieden wird. Beim Militär wird von den Soldaten der Stechschritt verlangt. Bei dieser Bewegung wird die Ferse fest auf den Boden geschlagen und der Fuß nicht abgerollt. Diese harte Bewegung aktiviert nur den Willen und soll die Soldaten entschlossen machen. Indem die gesamte Gruppe gezwungen ist, in eine Richtung zu gehen, wird die Individualität unterdrückt. Die jeweilige Gangart setzt also mentale und emotionale Prozesse in Gang und prägt tiefgreifend unsere menschliche Struktur.

## Rhythmische Bewegung und Sprache

Es kann uns jetzt nicht mehr überraschen, dass es einen Zusammenhang zwischen Gang und Sprache gibt. Bei Studien mit drei- bis fünfjährigen Kindern, deren sprachliche Fähigkeiten nicht altersgemäß waren, wurde festgestellt, dass sie sich mit kleinen, trippelnden Schritten vorwärtsbewegten. Die Untersuchungen ergaben, dass die Kinder auch in ihrer geistigen Entwicklung zurückgeblieben waren. Das unterstützt die These, dass bei jedem rhythmischen Schritt das Gehirn von der Rückenmarkflüssigkeit massiert und damit die Denktätigkeit entwickelt wird. Über den Schrittrhythmus wird in den Kammern der Hirnventrikel verstärkt Gehirnflüssigkeit, der sogenannte Liquor, gebildet, die die Denktätigkeit und das Sprachzentrum anregt. Um Sprache und harmonische Bewegungen zu fördern – und damit die körperliche und seelische Entwicklung –, ist es wichtig, Körper und Seele miteinander zu verbinden. Darum brauchen diese zurückgebliebenen Kinder rhythmische Bewegungen und Massagen, die mit Achtsamkeit und Liebe ausgeführt werden. Die Zuwendung gibt dem Kind Vertrauen in die eigene Ausdrucksfähigkeit. Die Blockade zwischen Bewegung und sprachlichem Ausdruck kann so überwunden werden.

Wenn die Füße und der Schritt Charakter und Temperament ausdrücken, fragt man sich, wie es sich bei alten Menschen verhält, die nur noch kleine trippelnde Schritte machen. Bei Menschen, die an der Alzheimer-Krankheit leiden, ist die Verbindung zwischen Körper, Geist und Seele tiefgehend gestört. Ihr Denken beschränkt sich nur noch auf Fragmente der Vergangenheit. Dabei geht den Erkrankten die Fähigkeit, bewußt zu denken, verloren, ihr Körper vollzieht Bewegungsabläufe unbewußt. Ihre Schritte verfolgen keinen Weg mehr, und ihr Denken erreicht kaum noch ein Ziel. Trippelnde Schritte verkörpern den unsicheren und unbewußten Teil im Leben. Hier traut sich ein Mensch nicht, seinen Platz einzunehmen und seinen Willen bewusst einzusetzen, um vorwärts schreiten zu können.

■ Die integrative Massage bietet viele Lösungsmöglichkeiten, auch für Alzheimer-Kranke. ■

An diesem Punkt setzt die Arbeit der Pränatalen Fußmassage bzw. der Metamorphischen Massage ein (nach *Robert St. John*; siehe S. 30 f.), die auch die Hände und den Kopf in die Behandlung mit einbezieht. Bei alten Menschen oder bei behinderten Kindern bringt diese Integrative Massage Körper, Geist und Seele wieder näher zusammen.

## Vipassana: Den Boden bewusst unter den Füßen spüren

Als ich das erste Mal der Vipassana-Meditation begegnete, wurde mir klar, dass ich bis zu diesem Zeitpunkt meine Füße noch nie ganz bewußt beim Gehen gespürt hatte.

■ Vipassana bündelt die Gedanken auf den Bewegungsablauf der Füße. ■

Im Vipassana, einer fernöstlichen Meditationsform, wird die Bewegung des Gehens wie in Zeitlupe vollzogen. Jeder Bewegungsablauf wird mit höchster Konzentration ausgeführt: das Aufsetzen und Abrollen des Fußes sowie die Verlagerung des Gewichts von dem einen auf den anderen Fuß. Dieser Bewegungsablauf wird in einem meditativen Zustand unter der größtmöglichen Wahrnehmung des Fußes auf dem Boden durchgeführt. Gelingt es, sich ausschließlich auf die Bewegungsabläufe zu konzentrieren, breitet sich eine tiefe Ruhe und Stille im gesamten Körper aus; alle Gedanken beziehen sich nur auf die in dem Moment vollzogene Bewegung.

Diese Gehmeditation wird zwanzig Minuten auf verschiedenen Bodenverhältnissen ausgeführt, um die Sinne zu schärfen. Danach schließt sich eine Sitzmeditation von 30 Minuten an. Diese Vipassana-Übung wird am wirkungsvollsten durch absolutes Schweigen unterstützt und kann über einen Tag oder über einen längeren Zeitraum von bis zu drei Wochen immer wieder durchgeführt werden.

Während der Meditation ist man ganz auf sich selbst bezogen, und diese Zeit wird von den Meditierenden ganz unterschiedlich wahrgenommen. Ich persönlich habe die Vipassana-Meditation als sehr energievoll erlebt und fühlte mich sehr bei mir und sehr verbunden mit meinem Wesenskern. Mein Gefühl, in Kontakt mit der Erde zu sein, festigte sich jeden Tag mehr. Meine Aufmerksamkeit auf den Punkt der Gegenwart zu richten, erhöhte meine Fähigkeit, beim bewußten Gehen Kraft aus der Erde in meinen Körper aufzunehmen. Eine neue Art von Erfahrung, mit meinen Füßen als Wurzeln verbunden zu sein, breitete sich in meinem Körper aus.

■ Das bewusste Gehen erhöht die Fähigkeit des Körpers, die Erdenergie aufzunehmen. ■

Mir fiel der aktive erste Teil des konzentrierten Gehens am leichtesten. Meine Aufmerksamkeit war ausschließlich auf die Bewegungen meiner Füße und meiner Unterschenkel gerichtet. Jedes Gefühl, das sich während des Gehens einstellte, konnte ich wahrnehmen und vollkommen spüren. Wenn man sich völlig auf die Übung einlässt, kann man mit dem Gefühl der Bewegung verschmelzen. Bei dem zweiten Teil der Vipassana-Meditation, in Stille sitzen, stellte ich überrascht fest, wie beschäftigt mein Verstand mit Gedanken und Situationen aus der Vergangenheit war. Ich konzentrierte mich darauf, mit welchem Problem er sich in dem Moment am meisten auseinandersetzte. Die Gedanken wiederholten sich. Ich fing an, die Gedanken zu erkennen und zu beobachten. Hartnäckig kreisten meine Gedanken um ein Problem; sie käuten es immer und immer wieder, wie eine Kuh das Gras. Da verstand ich, dass mein Verstand durch ständiges Wiederholen diesem Problem permanent Aufmerksamkeit schenkte. Ich begann langsam, diesen Prozess zu akzeptieren und zu beobachten.

Einen Prozess zu beobachten, ist eine aufnehmende Funktion unseres Geistes, der nur beschreibt und wiedergibt, was im Moment geschieht, ohne es zu bewerten. Das Gefühl, der Wille oder das Denken brauchen nicht einzugreifen, um etwas zu tun oder zu verändern. In Achtsamkeit können wir, ohne uns ablenken zu lassen, jede Bewegung, sei es des Körpers oder der Gedanken, aus unserer Mitte heraus beobachten. So wird der Geist auf einen Punkt der Konzentration gerichtet.

Mit meditativer Achtsamkeit im Alltag oder bei der Arbeit können wir körperliche oder geistige Daseinsvorgänge unmittelbar erkennen, die wir im Spiegel unserer Aufmerksamkeit beobachten. Der Geist wird mit jedem neuen Schritt und mit jeder Bewegung auf den momentanen Punkt gebracht und die Aufmerksamkeit in der Gegenwart gehalten.

■ *»Beobachten ist ein immerwährender Prozess, Du gehst weiter auf dem Weg der Erkenntnis, dringst immer tiefer in Dich ein, aber nie kommst Du zu einem Ende, wo Du sagen kannst: »Jetzt habe ich es geschafft«. Im Gegenteil, je tiefer Du kommst, desto mehr wird es Dir bewußt, dass Du Dich in einem fortlaufenden Prozess befindest – ohne Anfang und Ende.*

■ *Die Arbeit aus dem Herzen – Die Verbindung zwischen der inneren und äußeren Welt.* ■

*Leider beobachten die Menschen nur die anderen, es kommt ihnen nicht in den Sinn, sich selbst anzuschauen. Jeder beobachtet – und das ist die oberflächlichste Art – was macht der andere, was zieht er an, wie sieht er aus? Jeder beobachtet. Das Beobachten ist nichts Neues, das in Dein Leben eingeführt werden muß. Es muß nur vertieft und seine Richtung muß umgelenkt werden, von den anderen zu Dir, zu Deinen Gefühlen, Gedanken, Launen und schließlich zum Zeugen selbst.«* ■

Osho

## Die Metamorphische Massage

Mit Hilfe der Metamorphischen Massage berührte ich zum ersten Mal den Punkt der inneren Stille. Ich fand einen Raum, den ich meinen *»heiligen Gral«* nenne. Aus dieser Stille, die tiefer war als alles andere, das ich vorher empfunden hatte, erwuchs meine Haltung des Beobachtens und des inneren Sehens. Im weiten Bogen spannte sich mein Bewusstsein über Erlebnisse und zeigte mir in Bildern und Symbolen die Möglichkeit, Gefühle in undramatischer Weise loszulassen.

Während der Metamorphischen Massage steigen manchmal die Tränen auf, die in einer vergangenen schwierigen Situation nicht geweint werden konnten. Tränen sind Balsam für die Seele und heilen alte Wunden. Je zarter eine Berührung ist, um so tiefer kann sie innerlich berühren. Die zarten Berührungen der Metamorphischen Massage werden auch die *»homöopathische Form«* der Fußreflexzonenmassage genannt, weil sie mehr energetisch als physisch die charakteristischen geistigen Muster des Menschen berührt und Raum für Entfaltung schafft. Sie run-

det die Arbeit an den Füßen ab und bezieht den Menschen in seiner Körper-Geist-Seele-Entwicklung ganzheitlich mit ein.
Die Grundlage der Metamorphischen Massage entwickelte *Robert St. John*, indem er eine Zusammenstellung psychologischer Eigenschaften über die Karten der körperlichen Reflexzonen legte. Seinen Einsichten folgend, ordnete er den großen Zeh mit den Gehirnpunkten dem Vaterprinzip zu und die Ferse mit den Genitalien dem Mutterprinzip. Er erkannte, dass vom Zeh bis zur Ferse die Zeitkarte der neun Monate liegt, die wir im Mutterleib verbringen. Die Reflexpunkte der Wirbelsäule sind somit die Speicher aller vorgeburtlichen Informationen.
*Robert St. John* taufte diese Methode zunächst »Pränatale Therapie«. Später wurde sie dann Metamorphische Massage genannt.
Bei dieser Massageform wird die vorgeburtliche Zeit in den Mittelpunkt der Behandlung gestellt, nicht als etwas Vergangenes, sondern als ein wesentlicher Teil unserer Gegenwart.
Der deutlichste Unterschied zwischen der Fußreflexzonenmassage und der Metamorphischen Massage ist, dass die Fußreflexzonenmassage mit dem Ziel arbeitet, Veränderungen im Körper zu bewirken. Die Metamorphische Massage hingegen arbeitet mit den vorgeburtlichen Mustern, in denen unsere persönlichen Schwächen und Stärken gespeichert sind. Der Behandler richtet seine Aufmerksamkeit auf die Lebenskraft, die während des individuellen Wachstums- und Entwicklungsprozesses geflossen ist. Er beachtet dabei keine Krankheitszeichen und Erkrankungen – sie sind nur Ausdruck gestörter Lebenskraft.
Achtsam richtet der Behandler seine Aufmerksamkeit auf die Reflexpunkte der Wirbelsäule. Mit jeder Berührung der Wirbelsäule berührt er unsere Erfahrungen aus der pränatalen Phase, denn durch den ununterbrochenen Kontakt mit der Gebärmutterwand hat die Wirbelsäule des Kindes während der Schwangerschaft alle Gefühle der Mutter gespeichert.
Da die Entwicklung des Bewusstseins vom Kopf zum Steißbein des Embryos hinunterführt, liegen die Reflexpunkte für die Empfängnis an der Halswirbelsäule und die Reflexpunkte für die Geburt am Ende der Wirbelsäule.

■ Die Metamorphische Massage ist die Arbeit mit den geburtlichen und vorgeburtlichen Prägungen, die sich im Verhalten des Menschen in Krisenzeiten widerspiegeln. ■

■ Tat Tvam Asi
(= das bist Du) be-
schreibt die Schule
zu den inneren
Welten als
Ausdruck der Stille
und des
Erwachens. ■

## Vor-Empfängnis

Hier bewegt sich die Seele als geistiges Element auf die Empfängnis zu und bereitet sich auf das Eintauchen in den Körper vor. Mit welchen Eltern sich die Seele schicksalhaft verbinden wird, hängt von den Vorbedingungen ab, die die Seele für die neue Erfahrung braucht.

## Empfängnis

Die Vereinigung von Samen und Ei wird das genetische Muster und den Charakter des zukünftigen Wesens ausbilden. Manche Paare fühlen bei der Vereinigung den Zeitpunkt der Empfängnis und das Eintauchen der Seele. Dieses Gefühl kann eine große Energiewelle mit einem tiefen Verschmelzungsgefühl auslösen.

Der Moment der Empfängnis entspricht dem Punkt auf dem ersten Gelenk an der Außenseite des großen Zehs.

## Nach-Empfängnis

Die Zeit vom Augenblick der Empfängnis bis ca. zur 18. Woche ist eine Phase intensiven Wachstums. Die Nach-Empfängnis entspricht dem Bereich zwischen dem ersten Gelenk des großen Zehs und geht über den Mittelfußknochen bis zum Zentrum des Fußbogens. Dieser Punkt am Fuß erstreckt sich von der Spitze der Wirbelsäule bis hinunter ca. zum 8.—10. Brustwirbel auf der Karte der Fußreflektionspunkte.

■ Die Metamorphische Massage kann nur gelingen, wenn sich der Therapeut auf seine Inuition einlässt und er das Herz als Platz des wahren Wesens annimmt. ■

## Erste Bewegungen im Bauch

Wenn die ersten Bewegungen im Bauch deutlich wahrzunehmen sind, ist der Fötus fast vollständig entwickelt und beginnt sich zu bewegen. Das ist die Zeit, in der sich der nach innen gerichtete Zustand nach außen zu richten beginnt. Das betrifft die Zeit von ca. der 18.—22. Woche.

Die Phase der beginnenden Bewegung entspricht am Fuß dem Bereich zwischen Keil- und Kahnbein. Dies ist ein kurzes Stück auf den Wirbelsäulenpunkten, das dem hinteren Teil des Solarplexus zugeordnet ist. Lebt die Mutter in dieser Zeit ihrer Schwangerschaft in einer schwierigen seelischen Situation, kann das die Beziehung des Kindes zu einer natürlichen Autorität nachhaltig stören.

## Vor-Geburt

Die Phase dauert ca. von der 22. Woche bis zur Geburt. Der Fötus bereitet sich darauf vor, aus dem geschlossenen, geschützten Raum des Mutterleibes in die ungeschützte Außenwelt zu kommen. Die Reflexpunkte liegen an dem Mittelpunkt des Fußes bis zur Ferse. Es ist der Bereich ab dem ca. 8.—10. Brustwirbel bis zum Steißbein.

## Geburt

Die einzigartige Beziehung zwischen Mutter und Kind wird durch die Geburt beendet. Danach sind sie zwei voneinander getrennte Lebewesen. Ob dieses Ereignis mit Angst und Panik oder mit Freude und Vertrauen erlebt wird, hängt von den Umständen der Geburt ab und wird den neuen Erdenbürger tiefgreifend beeinflussen. Die Geburt entspricht dem Ansatzpunkt der Achillessehne am Fersenbein, der zugleich das Steißbein widerspiegelt.

Das Muster der Bewusstseinsentfaltung, das im Mutterleib geprägt wurde, wiederholt sich während des ganzen Lebens immer wieder. Jede Krise, die ein Mensch erlebt, sei es im geistigen, emotionalen oder körperlichen Bereich, gleicht dem Prozess der Geburt. Die Geburt ist oftmals eine schmerzhafte, ungewisse und dunkle Zeit, ein Wechselspiel von Zusammenziehen und Ausdehnen. Von Enge und Sicherheit in die Weite und Unsicherheit. Wohin der Weg führt ist ungewiß, aber man fühlt, dass man ankommen wird.

## So wird die Metamorphische Massage durchgeführt

Die Metamorphische Massage bedarf keiner besonderen
Voraussetzung, um sie an anderen Menschen auszuüben.
Setzen Sie im rechten Winkel zu Ihrem Partner oder Klienten,
und legen Sie seinen rechten Fuß bequem in Ihren Schoß.
Nehmen Sie den Fuß behutsam in die Hand, und lassen Sie Ihre
Hände eine Zeitlang behutsam über den Fuß gleiten. Sie beginnen die Massage langsam und achtsam mit den Fingerkuppen auf den Reflexpunkten der Wirbelsäule. Denken Sie immer daran, dass Sie nicht nur an dem Fuß arbeiten, sondern
mit dem ganzen Menschen. Ertasten Sie die verschiedenen
Knochen am Fuß, und lassen Sie sich dabei von Ihren Händen
führen (s. Abb. 11, S. 50). Wie behutsam und langsam Sie diesen Punkten an der Wirbelsäulenlinie Ihre Aufmerksamkeit
schenken, entscheidet über die Qualität der Behandlung. Die
Berührung kann vibrierend und leicht sein, wie ein Künstler,
der auf einem Instrument die Notenskala von oben nach unten spielt. Manchmal wollen die Finger etwas mehr Druck ausüben oder sich in einer kleinen kreisförmigen Bahn auf einem
Punkt bewegen. Vertrauen Sie Ihrer Intuition, mit der
Sie die Bewegungen von innen heraus ausführen möchten.
Widmen Sie Ihre besondere Aufmerksamkeit dem
großen Zeh. Die untere Außenseite des Zehennagels
ist der Hypophyse zugeordnet und die obere Ecke
des Zehennagels der Zirbeldrüse (siehe auch
Abb. auf S. 51). Halten Sie Ihre Fingerkuppen
auf dem großen Zeh, dem Punkt, an
dem die Seele sich vorbereitet
hat, in den Körper einzutauchen.
Lassen Sie die Finger konzentriert bis zum Ende der Wirbelsäule gleiten, bis zur Achillessehne – dem Geburtspunkt. Ihre
Fingerkuppen führen Sie dann zum zweiten
Fuß über und behandeln Sie ihn mit der glei-

chen Achtsamkeit. Sie können die Fingerkuppen auch im Energiefeld ein paar Zentimeter vom Fuß entfernt behandeln. Nehmen Sie sich für jeden Fuß ca. 15 Minuten Zeit (siehe Zeichnung auf der folgenden Seite).

Danach können Sie mit den Händen Ihres Klienten arbeiten. Nehmen Sie seine rechte Hand für einen Moment behutsam in Ihre Hand, ehe Sie die Außenkante der Hand entlang des Knochens berühren. Behandeln Sie die Hände mit der gleichen Konzentration und Achtsamkeit wie die Füße. Die Handgelenke verkörpern das Handlungsprinzip und brauchen besondere Aufmerksamkeit. Nehmen Sie sich für jede Hand mindestens 10 Minuten Zeit.

Danach lassen Sie Ihren Klienten sich langsam aufsetzen, falls er gelegen hat, um an den Schädelnähten des Kopfes zu arbeiten. Die beste Massageposition ist auf Knien hinter ihm. Sammeln Sie Ihre Energie in Ihrer Mitte und lassen Sie Ihre Aufmerksamkeit vom Herzen in die Handinnenfläche fließen. Dann halten Sie die Hände über den Kopf des Klienten. Berühren Sie mit den Fingerkuppen behutsam die Mitte seines Kopfes und fahren an der Haargrenze entlang zu den Ohren. Dabei setzen Sie die Fingerkuppen auf und bewegen die Kopfhaut in sanfter kreisförmiger Massage. Besonders im Nacken, am Schädelbasisrand und an den Warzenfortsätzen des Schädels – »Tor des Himmels« – sollten Ihre Fingerkuppen länger verweilen, um Verspannungen zu lösen. Dieser Bereich des Kopfes ist mit dem Beckengürtel verbunden.

An der Mittelnaht des Schädels können Ihre Fingerkuppen den natürlichen Pulsschlag des Gehirns sehr wirkungsvoll unterstützen. 6—12-mal pro Minute verbindet der pulsierende Rhythmus das Gehirn mit der Basis der Wirbelsäule. Bei der Massage greifen die Fingerkuppen der rechten und der linken Hand wie bei einem Reißverschluss ineinander und schieben sich mit leichtem Druck gegeneinander. Damit werden beide Gehirnhälften in ihrem Rhythmus synchronisiert; der Körper entspannt sich und lässt emotionale und körperliche Spannungen los. Die Kopfmassage kann bis zu 15 Minuten dauern. Die gesamte Dauer der metamorphischen Behandlung beträgt

ungefähr eine Stunde und kann ein- bis zu zweimal wöchent-
lich durchgeführt werden.

Diese Behandlung ermöglicht eine meditative Arbeit aus dem
Herzen heraus. Das unterstützt den Prozess der Heilung beim
Klienten. Während der Behandlung können Bilder und Gefühle
in ihm aufsteigen. Ein einfühlsamer Therapeut hört einfach zu,
ohne zu werten. Behutsame Fragen können den Prozess vertiefen: »Wo bist du gerade, hast du ein Bild?«; »Bist du in dem
Bild, oder betrachtest du das Bild?«; »Wie sieht das Bild aus,
ist es hell oder dunkel?«; »Wie fühlt sich das an?« Oftmals
genügt es, für diesen Menschen dazusein und ihn mit liebevoller Anteilnahme und Stille zu unterstützen.

Durch die Metamorphische Massage entfaltet sich das innere Wesen – die Lebenskraft bekommt eine Richtung. An
Punkten, wo die Lebenskraft stagniert, ermöglicht es diese
Behandlung, sich dem inneren Potential zu öffnen und es zu
nutzen. Die Zeit, die ein Mensch dafür benötigt, hängt von seiner individuellen Kraft ab. Kein Therapeut sollte diese Entwicklung beschleunigen wollen, sondern den Raum für
diese Entfaltung schaffen. Die Einflüsse, die sich im weiten
Bogen von der Empfängnis bis zur Geburt prägend auf diesen
Raum auswirken, sind viel größer als jede analytische Intelli-
genz des Menschen. Der Therapeut ist die Brücke zwischen
dem Potential des Behandelten und dem gegenwärtigen
Entwicklungsstand. Das Spektrum der metamorphischen
Behandlung bewegt sich zwischen Ursache und Wirkung und
Zeit und Raum.

# IV. Die Kunst
## der achtsamen Berührung

Es gibt für jeden Menschen Situationen im Leben, in denen er sich etwas wünscht, was unerreichbar zu sein scheint. Oftmals setzen wir dann Druck ein, um dieses Ziel zu erreichen. Die Erfahrung lehrt uns aber, dass zu starker Druck die Situation meist nur noch verschlimmert. Wir kämpfen verbissen und beginnen, uns als Opfer zu fühlen. Wenn es keinen Ausweg mehr zu geben scheint, ist der Punkt gekommen, sich auf die Reise nach Innen zu begeben. In einem altchinesischen Weisheitsbuch, dem I-Ging, steht: »*dass in dem Chaos der Anfangsschwierigkeiten die Ordnung schon angelegt ist*«. Hier kann die Selbsterkenntnis einsetzen. Das Wichtigste ist, die Suche zu beginnen, auch wenn man noch nicht weiß, was man sucht; der Weg der Selbsterkenntnis führt kontinuierlich nach Innen.

■ Wenn das Außen verwirrend ist, können wir sicher sein, dass es im Inneren viele Ecken gibt, in die man Licht bringen kann. ■

In der buddhistischen Lehre gibt es fünf Pfeiler der geistigen Fähigkeiten: Achtsamkeit, Vertrauen, Energie, Sammlung und Weisheit. Diese fünf Pfeiler befähigen den Menschen, aus dem Herzen heraus die Welt zu beobachten und zu beschreiben, ohne etwas zu bewerten. Sein Weg führt ihn vom Verstand zu seinem Herzen und in die Stille. Von dort aus kann ein Mensch mit viel Lebenserfahrung und Selbsterkenntnis anderen Menschen Halt geben. Ihm kann man vertrauen, weil er aufgrund eigener schmerzvoller Erfahrungen Verständnis für fast alle Lebenssituationen aufbringen kann. Er beherrscht sie – die Kunst der achtsamen Berührung.

## Nehmen Sie Ihre Füße selbst in die Hand

Unser Körper ist täglich unterschiedlichen physischen und psychischen Einflüssen ausgesetzt, denen wir uns nicht entziehen können. Der Körper versucht oftmals, den Anforderungen zu genügen, indem er »durch-hält«, obwohl er sich dabei verpanzert und verspannt. Eine sanfte Möglichkeit, diese Spannungen abzubauen, bietet die Fußreflexzonenmassage. Eine Massage an den Reflexzonen der Füße beeinflusst den gesamten Körper positiv und regt unter anderem die Ausschüttung von Hormonen an, die wiederum den Verdauungstrakt anregen. Das Gehirn schüttet während einer Behandlung Oxytocin aus, ein Hormon, das auch beim Stillen und beim Orgasmus abgegeben wird und das den gesamten Körper überfluten kann.

■ Durch die Fußreflexzonenmassage werden Glückshormone asusgeschüttet. ■

Bei der Fußreflexzonenmassage werden die Impulse über die Hautrezeptoren an den Füßen als Nervensignale den Rückenmarkskanal hinauf zur Schaltstelle des Gehirns, dem Thalamus, weitergeleitet. Der Thalamus gilt als »Tor zum Bewusstsein«. Sensorische Felder verbinden ihn mit der Großhirnrinde. Hier werden die Berührungen bewusst erlebt. Der Thalamus liegt über dem untergeordneten Hypothalamus, der das Hormonsystem steuert. Der Hypothalamus kontrolliert über das vegetative Nervensystem die inneren Organe. Da eine Verbindung zwischen dem Hypothalamus und dem lymbischen System, unserem »emotionalen Gehirn«, besteht, können sich während einer Fußreflexzonenmassage auch depressive Stimmungen lösen. Der Mensch fühlt sich nach einer Massage entspannter und wohler. Wer sich öfter eine Massage gönnt, sei es eine Selbstmassage oder eine Massage beim Therapeuten, pflegt nicht nur seinen Körper, sondern auch seine Seele.

Wie ein guter Gärtner in jahrelanger, mühseliger Arbeit einen kargen Boden in einen ertragreichen Untergrund verwandeln kann, erfordert eine verantwortungsvolle Gesundheitspflege Zeit und Achtung gegenüber dem eigenen Körper. Sie können sich darauf freuen, einen aktiven Beitrag zur Verbesserung Ihrer Gesundheit zu leisten. Mit der Fußreflexzonenmassage haben

■ Die Fußreflex-
zonenmassage
stärkt die Lebens-
kraft und fördert
die Durchblutung
aller inneren
Organe. ■

Sie ein therapeutisches Mittel an der Hand, das Sie jederzeit ohne aufwendige Vorbereitungen bei sich selbst anwenden können.

Durch regelmäßige Massagen werden Toxine im Körper freigesetzt und die eigene Lebenskraft gestärkt. Manchmal kann es zu einer Überflutung mit Toxinen im Körper kommen, was eine starke Müdigkeit nach sich zieht. Dann holen Sie sich bitte den erfahrenen Rat eines Therapeuten, der die Häufigkeit Ihrer Massagen festlegt und eventuell zur Ausleitung der Giftstoffe eine weitere Therapie empfiehlt.

Die Eigenbehandlung der Füße begreife ich als den ersten Schritt zu mehr Verantwortung für den eigenen Körper und die eigene Gesundheit. Wer sich mehrmals in der Woche die Füße massiert, harmonisiert und regeneriert über die Organpunkte die Nervenbahnen seines gesamten Organismus. Der damit eingeleitete Reinigungsprozess wird alte, eventuell mit Antibiotika unterdrückte Krankheitsprozesse wieder aufleben lassen und beenden. Krankheit bringt meiner Meinung nach den Körper wieder ins Gleichgewicht und verbessert seine Abwehrkräfte. Es mag vielleicht paradox klingen, aber die Erfahrung der durchlebten Krankheiten unterstützt den Gesundheitsprozess, und darum kann die Vollendung dieses Prozesses die Lebenskraft stärken. Die Fußreflexzonenmassage unterstützt den Körper in der Vorbeugung von Erkrankungen. Durch regelmäßige Massagen können frühzeitig Störungen erkannt und behoben werden. Es werden keine Krankheiten unterdrückt wie beim Gebrauch von Antibiotika, die einen Krankheitsprozess unterbrechen, sondern eine Stabilisierung der insgesamten Lebenskraft erreicht. Auf dieser Basis entwickelt sich Gesundheit. Eine bessere Vorsorge kann ich mir nicht vorstellen.

Das Besondere an der Fußreflexzonenmassage ist, dass Sie an sich selbst über die Füße eine vollständige Massage ausführen können. Sie brauchen nur etwas beweglich in den Beinen zu sein. Legen Sie dieses Buch zum Nachschlagen neben sich (die Übersichtskarten mit den Fußreflexzonen befinden sich auf S. 60 und am Ende des Buches). Bei der Selbstmassage wird immer ein Fuß nach dem anderen behandelt. Ziehen Sie die Strümpfe aus, und legen Sie zuerst Ihren rechten Fuß auf den linken Oberschenkel. Sie beginnen mit dem rechten Fuß und wechseln anschließend zum linken über. Die Fußsohle ist nach oben gerichtet, so dass Sie die Reflexpunkte gut sehen können. Unsere Füße reflektieren nicht nur unsere Organe, sondern sind wie unsere Seiten links dem weiblichen Prinzip Yin und rechts dem männlichen Prinzip Yang zugeordnet. Dabei spiegelt der linke Fuß unseren Ursprung und die Anlage unserer Fähigkeiten wider. Im rechten Fuß ist das angelegt, was wir aus diesem Potential gemacht haben.

■ Im linken Fuß findet sich die Anlage unserer Fähigkeiten wider, im rechten Fuß das, was wir daraus machen. ■

Sie können die Fußreflexzonenmassage im akuten Krankheitsfall, wie bei einer Erkältung oder Nieren- und Blasenbeschwerden, anwenden und den Reflexzonenpunkt mit einer stark feuchtigkeitshaltigen Creme nach der Anleitung für Kurzbehandlungen im hinteren Teil des Buches (siehe ab S. 68) rhythmisch behandeln. Die Selbstbehandlung über den Organpunkt hat die Wirkung einer akuten, schnellen Problembereinigung. Sofern keine schwerwiegende Krankheit vorliegt, werden die Symptome innerhalb von ein bis zwei Tagen abklingen.

Die Wirkung der Selbstmassage auf die Gesamtheit des Körpers und die Entspannung ist nicht mit einer Massage durch einen Partner oder einen Therapeuten zu vergleichen. Die Aufmerksamkeit ist bei der Selbstmassage nach außen auf den Organpunkt gerichtet. Der Körper kann durch die angewinkelte Beinhaltung nur bedingt entspannen. Der Kraftfluss, der zwischen zwei Menschen energetisch die Heilung unterstützt, entfällt. Eine mechanische Massage der Reflexzonenpunkte heilt hauptsächlich auf der körperlichen Ebene, was dennoch deutlich zur Gesundheit und zum Wohlergehen beiträgt. Worin der Unterschied zwischen der Selbst- und Partnermassage besteht, erläutert der nächste Abschnitt.

## Zuwendung durch Partnermassage

Die Fußreflexzonenbehandlung ist eine Erfahrungsmedizin, die in der täglichen Anwendung immer wieder ihren therapeutischen Nutzen beweist. Medizinische Laien erlernen diese Technik leicht und können nicht nur ihre eigene Gesundheit, sondern auch die eines anderen Menschen durch die Massage der Reflexpunkte fördern. Die Fußreflexzonenmassage kann aufgrund ihrer umfassenden und ganzheitlichen Wirkungsweise besonders Anfänger zur Begeisterung verführen. Es ist deshalb ratsam, bei dem zu behandelnden Partner keine unrealistischen Hoffnungen zu wecken. Einem medizinischen Laien fehlt im allgemeinen das Wissen, um eine Krankheit richtig beurteilen zu können. Darüber hinaus dürfen nach dem Gesetz nur Ärzte und Heilpraktiker, die eine qualifizierte Ausbildung in einem Heilberuf haben, Diagnosen stellen und gegen Entgelt behandeln. Das Tätigkeitsfeld von Kosmetikerinnen und Fußpflegern beschränkt sich auf die Massage der Füße, ohne dass sie eine Diagnose stellen dürfen.

■ Die Freude an der Massage und die Zuwendung des Partners können erheblich zu einem positiven Ergebnis beitragen. ■

Der begeisterte Massage-Laie wird durch die Freude an der Arbeit und die Zuwendung, die er dem behandelten Partner gibt, viel Gutes bewirken. Ich rate jedoch jedem Laien, Krankheitsprozesse von einem Arzt oder Heilpraktiker begleiten zu lassen. Die Fußreflexzonenmassage unterstützt jede andere Therapiemethode im Heilungsprozess. Bei tiefgehenden chronischen Prozessen kann es zu Müdigkeit, Schwäche und starkriechenden Ausscheidungen kommen. Ein erfahrener Therapeut kennt diese Prozesse und wird danach die Häufigkeit und Dauer der Massage einteilen, er kann überschießenden Reaktionen vorbeugen und beruhigend auf den Behandelten einwirken. Ein erkrankter Mensch braucht die Hilfe von vielen Menschen. Der Therapeut hat aufgrund seiner Ausbildung und seiner Erfahrung den Überblick, weitergehende Untersuchungen einzuleiten oder zu empfehlen, so dass ein größtmögliches Spektrum an Erkenntnis und Hilfe für den Erkrankten gewährleistet ist.

Wenn der Partner, ein Freund oder ein Verwandter krank ist, ist eine Fußmassage immer eine liebevolle Unterstützung und Zuwendung. In einer Atmosphäre von Achtsamkeit und Liebe entsteht die Möglichkeit, Stauungen aufzulösen und die Atmung zu vertiefen. Der Regenerationsprozess setzt ein. Wenn Sie Achtung vor dem Schicksal Ihres Partners zeigen, können Sie seine Selbstheilungskräfte aktivieren. Letztendlich kann sich jeder Betroffene nur selbst heilen; der Massierende schafft eine Atmosphäre von Liebe und Zuwendung, in der Heilung geschehen kann. Wenn dazu noch verständnisvolle Gespräche den Massageprozess begleiten, können nicht nur Symptome beseitigt, sondern sogar Krankheiten vorgebeugt werden.

Es ist bei der Partnermassage sehr wichtig, dass Sie sich mit Aussagen über den Zustand der Organpunkte zurückhalten. In diesem Zustand der Offenheit nimmt der Behandelte jede Information tief in sich auf. Wenn ein Organpunkt Sie zur Sorge veranlaßt, raten Sie dem Behandelten, einen Arzt aufzusuchen. Eine Partnermassage, die mit Fürsorge und Verantwortung ausgeführt wird, lässt eine Atmosphäre von Ruhe und Offenheit entstehen, die zur Heilung führt.

Sobald Sie einem anderen Menschen mit einer Reflexzonenmassage helfen möchten, wird sich Ihr ganzheitliches Denken verstärken. Wer sich dem Einzelnen mit Achtsamkeit zuwendet, entdeckt, dass eine Massage im eigenen Herzen beginnt. Ein Mensch, der seine Nächsten mit einer Fußmassage erfreut, die von Herzen kommt, beschenkt sich gleichermaßen selbst. Der Kreislauf zwischen Geben und Nehmen schließt sich und vervielfältigt das vorhandene Kraftpotential. Aus dieser Kraft entsteht eine Ruhe, die der Massage die ganzheitliche Qualität verleiht. Der Organismus wird im entspannten Zustand von dieser Kraft durchflutet. Durch den Reflexpunkt wird das Organ nicht nur auf der körperlichen Ebene berührt, sondern auch auf der seelischen.

> ■ Wer aus dem Herzen heraus arbeitet, beschenkt auch sich selbst. ■

Wenn Sie sich Ihrer Verantwortung gegenüber Ihrem Partner bewusst sind und ihn bei Bedarf an eine Fachfrau/einen Fachmann verweisen, können Sie ihm mit der Fußreflexmassage eine fürsorgliche Unterstützung geben.

## Fußreflexzonentherapie beim Therapeuten

Der Unterschied zwischen Therapeut und fußreflexzonen-begeistertem Laien besteht für mich darin, dass Ärzte und Therapeuten durch ihre Ausbildung und Erfahrung den Überblick in die Tiefe des Krankheitsgeschehens haben. Der Arzt ist gesetzlich verpflichtet, die Verantwortung für die Behandlung anderer Menschen zu übernehmen. Der Verantwortungsbereich von Heilpraktikern und Therapeuten ist genau geregelt; sie sind sich ihrer Fürsorgepflicht gegenüber dem Erkrankten ebenfalls bewusst. Darum sind die in Heilberufen praktizierenden Menschen in der Lage, die Grenzen der Fußreflexzonenmassage zu erkennen und notfalls andere Maßnahmen, wie beispielsweise eine Untersuchung oder eine Operation, einzuleiten. Sie werden verantwortungsbewusst alle Möglichkeiten berücksichtigen, die dem Erkrankten zur Heilung verhelfen. Ein Laie darf nie empfehlen, eine vom Arzt oder Therapeuten verordnete Behandlung wegzulassen.

## Anweisungen für Therapeuten

■ Je größer die Achtsamkeit bei der Therapie, umso tiefer ist eine seelische Berührung möglich. ■

Wer den Körper eines anderen Menschen behandeln möchte, sollte sich in der Kunst der langsamen, fast zögernden Annäherung schulen. Ein Mensch ist sehr verletzlich, wenn er sich teilweise entblösst. Man kann ihm nur mit großer Achtsamkeit in einer nahezu »heiligen Handlung« begegnen. Der Körper wird fast wie in Zeitlupe mit großer Achtsamkeit und Liebe berührt. Je langsamer die Berührung und je stärker die Aufmerksamkeit bei jeder körperlichen Zuwendung ist, um so größer ist die Möglichkeit, dass der Mensch sich nicht nur körperlich, sondern auch geistig und seelisch berühren lässt. Um als Behandler diesen Zustand zu erreichen, ist es sinnvoll, möglichst täglich zu meditieren und die Verbindung mit dem inneren »göttlichen« Kern herzustellen. Wenn die Berührung aus dem Herzen kommt, hat die Zeit keine Bedeutung mehr und bekommt die Qualität von »Heilung« und Ganzheit.

## Harmonischer Ablauf der Behandlung

Schaffen Sie eine Umgebung mit entspannender Atmosphäre. Der Raum sollte hell und ausreichend erwärmt sein. Es empfiehlt sich, ihn mit Blumen und Teelichtern zu verschönern. Lüften Sie regelmäßig, und lassen Sie den Raum einladend auf den Behandelnden wirken. Zur Massage benutzen Sie am besten eine stark feuchtigkeitshaltige Creme, die Ihre Tastfähigkeit am Organpunkt unterstützt und ein gleitendes, rhythmisches Arbeiten erlaubt. Die meisten Menschen, die zur Fußreflexzonentherapie kommen, haben gewaschene Füße. Stellen Sie Ihrem Gast dennoch Wasser, Seife und ein sauberes Handtuch zur Verfügung.

Ein Relaxstuhl – oder ein Kosmetikstuhl für Profis – sorgt für eine bequeme Lagerung des Körpers. Es ist besonders wichtig, dass die Fußsohlen gut zu sehen sind. Falls Sie nur eine Couch zur Verfügung haben, erhöhen Sie die Unterschenkel und Füße Ihres Klienten mit einem zusätzlichen Kissen, dadurch haben Sie eine bessere Sicht auf die Fußsohlen. Aus hygienischen Gründen sollten Sie unter die Füße noch ein Handtuch legen. Achten Sie auch auf Ihren eigenen Sitzplatz, er soll eine entspannte Haltung ermöglichen. Sie arbeiten rhythmisch, wenn Sie Ihren Oberkörper mit jeder Bewegung mitgehen lassen. Der Massagedruck entsteht nicht nur aus den Daumen heraus, sondern aus der rhythmischen Bewegung des ganzen Armes. Für eine Behandlung, die sich auf alle Reflexpunkte erstreckt, benötigt man 60—70 Minuten. Kurzbehandlungen, die nur bestimmte Punkte ansprechen und mit der Entspannungsmassage enden, dauern ca. 30—40 Minuten.

Um ungestört arbeiten zu können, sollten Sie das Telefon abstellen, Haustiere nach draußen bringen und ein Schild aufhängen: »Bitte nicht stören«. Leise und sanfte Musik unterstützt den Entspannungsprozess. Achten Sie darauf, dass Sie sich bei der Arbeit nicht körperlich verspannen; es könnte sich auf den Behandelten übertragen. Wenn Ihre Hände nach einiger Zeit ermüden, können Sie sie durch sanftes Streichen oder nur stilles Auflegen auf den Körper entspannen. Diese kleine

■ Schon 30 Minuten Fußreflexzonenbehandlung reichen für eine Woche! Für eine entspannende Behandlung sollte man sich eine Stunde gönnen. ■

Ruhepause wirkt sowohl auf den Behandler als auch auf den Behandelten wohltuend.

Wenn Sie mehrere Behandlungen an einem Tag geben und sich zwischendurch erschöpft fühlen, verschaffen Ihnen ein paar tiefe Atemzüge und ein kräftiges Durchschütteln des Körpers wieder frische Lebenskraft. Im Extremfall empfehle ich eine kalte Dusche, um die Vitalität zurückzuerlangen. Nur wer sich selbst gut fühlt, entspannt und achtsam ist, kann einem anderen Menschen durch liebevolle Berührungen eine harmonische Behandlung geben.

### ■ Die Massagetechniken ■

Bei der Massage unterscheiden wir eine kreisende Massagebewegung, die einen an- und abschwellenden Druck erzeugt, und eine streichende Bewegung, die mehr einen energetischen, entspannenden Effekt hat. In der Fußreflexzonentherapie werden beide Techniken angewendet, wobei der dynamische Druck es ermöglicht, in das Gewebe einzudringen und damit den Hauptbestandteil der Fußreflexzonenmassage ausmacht. Zu Beginn der Massage liegen die Daumen auf der Fußsohlenseite, während die restlichen Finger locker auf dem Füßrücken ruhen. Wenn Sie den rechten Fuß massieren, stützen Sie mit der rechten Hand den Fuß, während Sie sich mit dem linken Daumen in an- und abschwellendem Druck im Uhrzeigersinn nach rechts vortasten. Der Druck wird durch das abwechselnd gebeugte und gestreckte Daumengelenk erzeugt. Wenn Sie mit dem rechten Daumen massieren, verläuft die kreisende Bewegung an- und abschwellend gegen den Uhrzeigersinn nach links, so dass der Druck nach unten in Richtung Ferse verstärkt wird (siehe Abb. 10, S. 48). Achten Sie darauf, dass Sie nur mit der Daumenkuppe arbeiten. Massieren Sie den jeweiligen Organpunkt ca. drei bis fünf Minuten. Sollten Ihre Daumen zwischenzeitig ermüden, streichen Sie rhythmisch über den Fußrücken und die Fußsohlen, ohne den Hautkontakt abreißen zu lassen. Überlassen Sie sich bei der Massage der Bewegung, die sich aus dem Druck und dem kreisenden Lösen ergibt. Wenn Sie selbst entspannt sind, vertieft sich Ihre At-

mung und eine Einheit zwischen Ihnen und Ihrem Gast entsteht. Wie von selbst stellt sich ein Rhythmus ein, beim Ausatmen den Druck am Fuß zu verstärken und beim Einatmen
loszulassen.

Bevor Sie mit der Massage beginnen, nehmen Sie sich einen
Moment Zeit, um sich dafür zu sammeln. Halten Sie die Füße
Ihres Klienten ein paar Sekunden lang ruhig in Ihren Händen.
Danach streichen und kneten Sie die Füße, um den Kontakt
zwischen Ihnen und den zu behandelnden Füßen herzustellen.
Lassen Sie sich Zeit bei der Fußreflexzonenmassage. Je langsamer die Massage ist, um so intensiver wird die Berührung empfunden. Beginnen Sie mit dem rechten Fuß, ziehen Sie sanft an
den Zehen, und massieren Sie die Zehenzwischenräume mit
der linken Hand. Die Ferse ruht in Ihrer Handinnenfläche, die
wie ein Gefäß stabilisiert und trägt. Lockern Sie alle Gelenke
des Körpers durch leichte drehende Bewegungen des Fußes.
Ein sanftes Drehen des Fußes nach rechts oder links lockert bis
in den Beckenraum hinauf. Ein zarter, langsam anwachsender
Druck gegen den Fußballen dehnt die hintere Beinseite bis zur
Wirbelsäule. Anschließend lockern Sie die Gelenke über den
linken Fuß, den Sie mit der rechten Hand stützen.

Stille hat eine positive Wirkung auf den Heilungsprozess, haben Sie aber ein offenes Ohr, wenn Ihr Klient Ihnen etwas mit-
teilen möchte. Zur Entspannung der Psyche beginnen Sie mit
der Massage des Sonnengeflechts, des Solarplexus (sympathisches Nervensystem). Dieser Punkt liegt in der Wölbung des
Fußes direkt in der Mitte unter dem Ballen (Nummer 1 auf der
Fußreflexzonenkarte). Sie massieren nun beide Füße gleichzeitig, so dass sich ihre Daumen rhythmisch in an- und abschwellendem Druck gegeneinander bewegen (s.o.). Üben Sie
einen dynamisch-festen Druck aus, beachten Sie aber bitte die
Schmerzgrenze Ihres Klienten.

Nach drei bis fünf Minuten Solarplexusmassage (vgl. S. 50) beginnen Sie am rechten großen Zeh mit der eigentlichen
Massage. Dabei sind einige Grundregeln zu beachten: Die
Innenseite des rechten Fußes und die Zehen werden mit dem
rechten Daumen massiert, dabei stützen die rechten Finger die

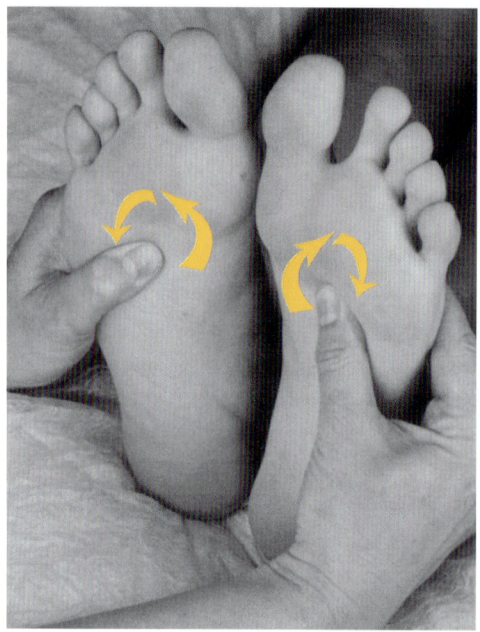

Zehen. Bei der Außenseite des rechten Fußes wechseln Sie die Hand und massieren mit der linken Hand, indem sich die Finger auf dem Fußrist abstützen. Achten Sie darauf, dass der Fuß locker ist, und wechseln Sie, nachdem Sie die Zehen des rechten Fußes gründlich durchgearbeitet haben, zum linken Fuß. Die Massage geht von den Zehen aus und verläuft in Richtung Fersen, dabei wechselt sie vom Organpunkt des rechten Fußes zum Organpunkt des linken Fußes und wieder zurück zum Organpunkt der rechten Seite, bis beide Fußsohlen gründlich durchgearbeitet sind.

Abbildung 10
Grundregeln

■ Spezielle Grifftechnik an den Füßen ■

In der Fußreflexzonenmassage haben die Hände die Aufgabe, den behandelten Fuß zu halten und abzustützen. So kann der Daumen tief in das Gewebe eindringen. Der Daumen nimmt in der Reflexzonenmassage eine besondere Stellung ein. Er steht den anderen Fingern gegenüber und dient zum Greifen und Begreifen. Er wird neben dem Zeigefinger am meisten in der Arbeit eingesetzt.

Die Grifftechnik an den Füßen ist eine kontinuierlich ineinanderfließende Bewegung von Drücken und wieder Loslassen des Organpunktes. Die Bewegung geht von der Handmitte aus, durch welche die Daumenwurzel und der Daumen einen rhythmischen, energetischen Druck ausüben. Diese energetische Bewegung erzeugt einen Ablauf mit permanentem Hautkontakt. Die Griffstärke wird von der Kraft der massierenden Hand bestimmt. Sie massiert den Punkt wellenförmig an- und abschwellend.

Wie tief ein Druck oder Griff ausgeübt wird, ergibt sich aus der Schmerzempfindlichkeit Ihres Klienten und aus Ihrer Druckintensität. Beide zusammen sollten die Stärke ergeben, die für die individuelle Behandlung notwendig ist. Bitte drücken Sie nur so fest, dass sich keine körperlichen Verspannungen aufbauen. Ihr Klient sollte auf keinen Fall seine Muskeln zusammenziehen und den Energiefluss vom Reflexzonenpunkt zum Organ unterbrechen. Manchmal kann bereits eine leichte Reflexzonenmassage die individuelle Schmerzgrenze erreichen. Bei akuten Schmerzzuständen verwenden Sie den sogenannten *Sediergriff*. Sie drücken für ca. ein bis zwei Minuten den schmerzenden Organpunkt und lassen so die gespeicherte Spannung entweichen. Der Schmerz lässt bereits nach kurzer Zeit nach, die Verbindung zwischen Organpunkt und Organ wird wieder hergestellt. Das ist oft der erste Schritt in Richtung Heilung. Eine Hand umfaßt den zu behandelnden Fuß und stützt ihn ab, die andere Hand massiert oder drückt mit dem Sedierdruck. Dabei wechseln die Hände sich ab, einmal stützt die rechte Hand den rechten Fuß und die linke massiert, dann hält die linke Hand den linken Fuß, und der rechte Daumen massiert. Zwischendurch können Sie den Fuß sanft zu sich ziehen und ihn leicht im Fußgelenk um die eigene Achse drehen. Dabei hält die rechte Innenhand die rechte Ferse, während die linke Hand sanft die Drehung nach links und nach rechts vollzieht. Durch diese Bewegung vertieft sich der Atem des Behandelten.

Das Ziehen an jedem einzelnen Zeh löst die Spannung aus den Gelenken und bewirkt eine bessere Durchblutung der Kopfregion. Wenn Sie mit den Fingerknöcheln an der Fußsohle entlangstreichen, hat das eine belebende Wirkung, und Sie berühren alle Organpunkte an der Fußsohle. Ich setze diese Grifftechnik am Ende einer Massage zum Aufwachen und zur Vitalisierung der Lebenskräfte ein. Das Dehnen des Fußes durch einen sanften, aber anhaltenden Druck nach hinten, dehnt die gesamte hintere Beinmuskulatur bis in den Beckenbereich hinein. Dabei hält die rechte Hand die linke Ferse, während der rechte Handballen langsam gegen den

■ Ein guter Therapeut entwickelt ein Gespür für die richtige Druckintensität bei seinen Klienten. ■

Fußballen drückt. Die Hände halten während der gesamten Massage den Kontakt zu den Füßen, sie streichen und kneten den Fuß oder ruhen auf dem Fußrist. Das vermittelt ein Gefühl von Geborgenheit.

*Hinweis*

Im folgenden Bildteil befinden sich nach dem Text der Bildlegenden häufig in Klammer gesetzte Zahlen. Diese beziehen sich auf die am Schluss und auf Seite 60 des Buches dargestellten Abbildungen mit den eingezeichneten Fußreflexzonen.

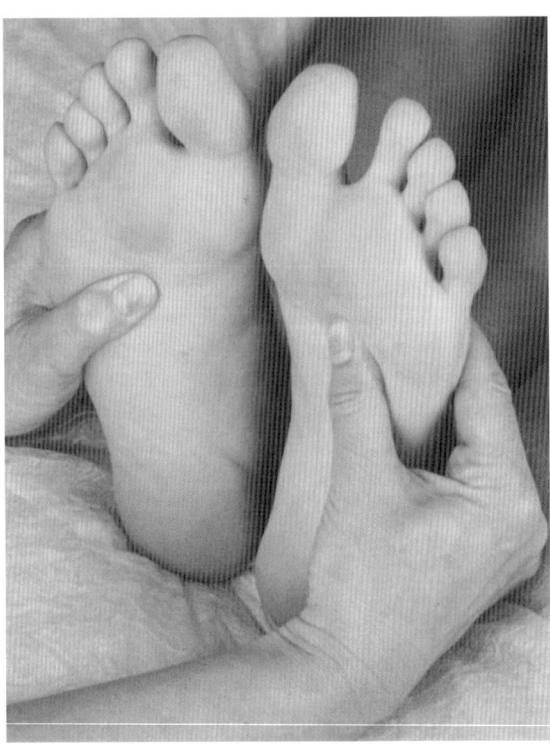

Abbildung 11
Massage des Solarplexus

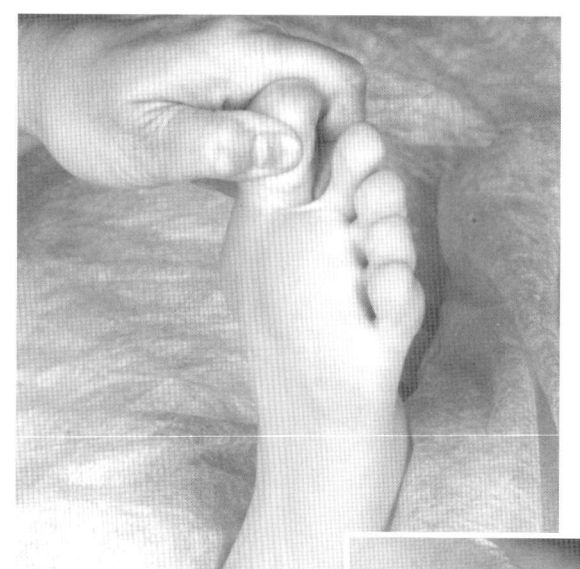

Abbildung 12
Hirnstamm, Kleinhirn
(Hypophyse [5])

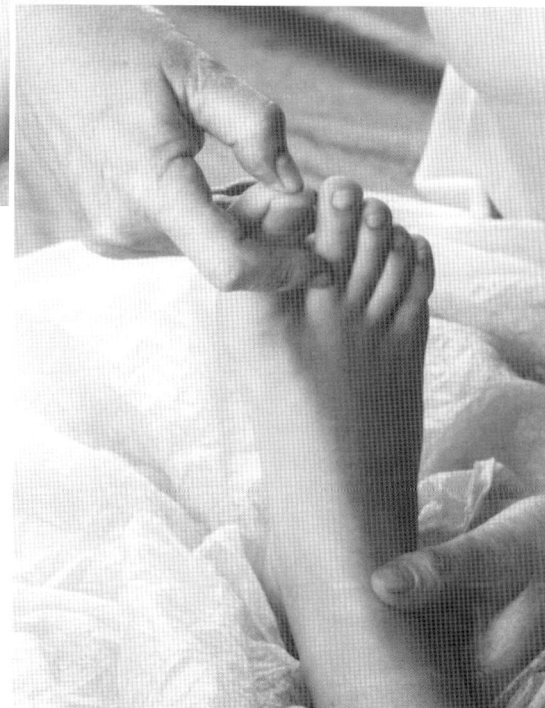

Abbildung 13
Oberkopf und Stirnhöhlen
(2)

Abbildung 14
Nacken (7)

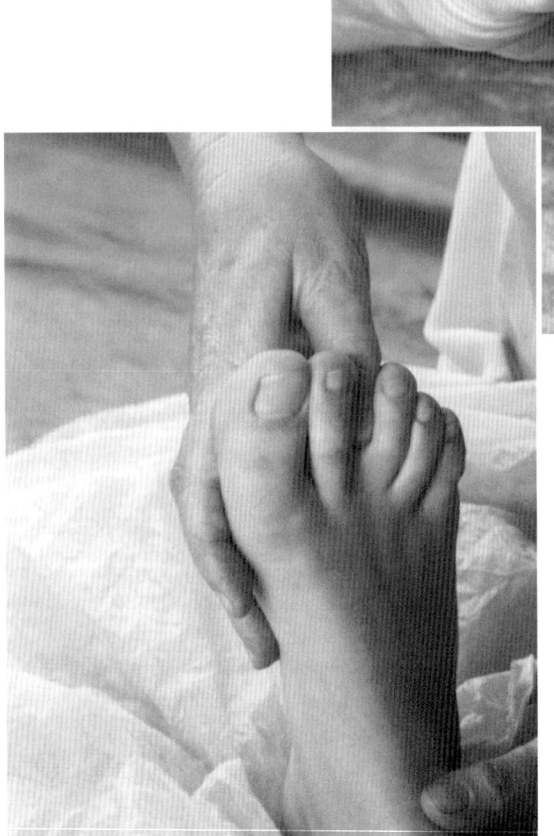

Abbildung 15
Auge (9)

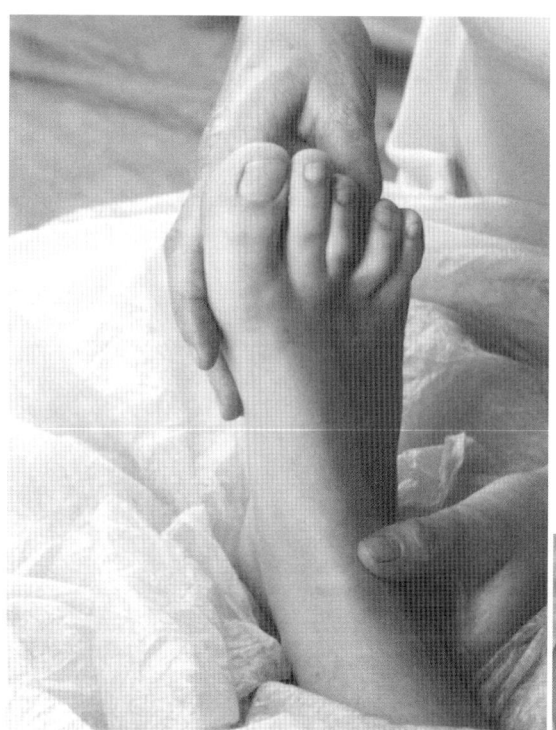

Abbildung 16
Ohr (10)

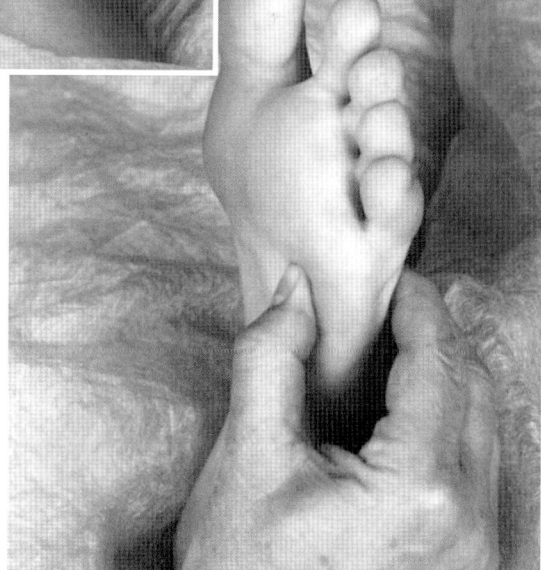

Abbildung 17
Herz und linker Fuß (17)

Abbildung 18
Galle (21)

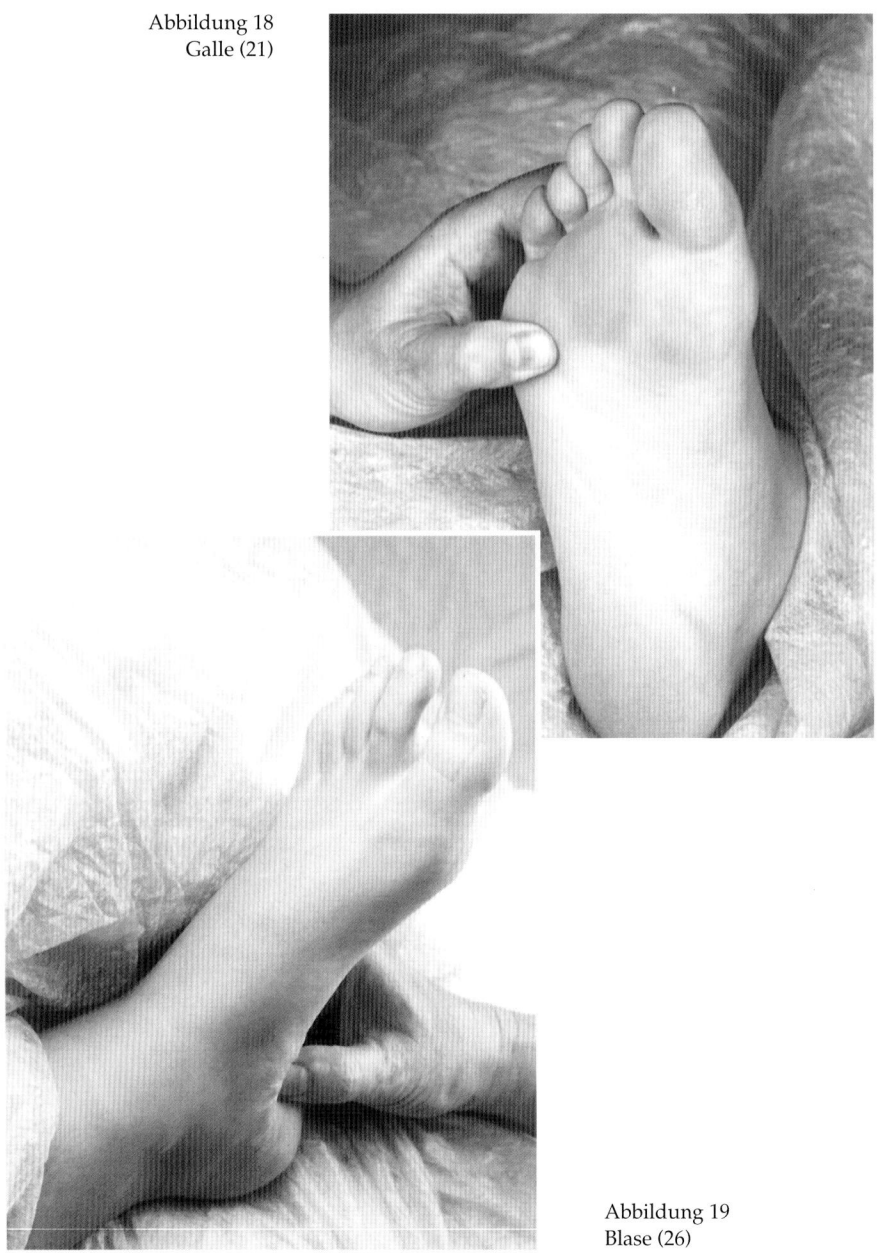

Abbildung 19
Blase (26)

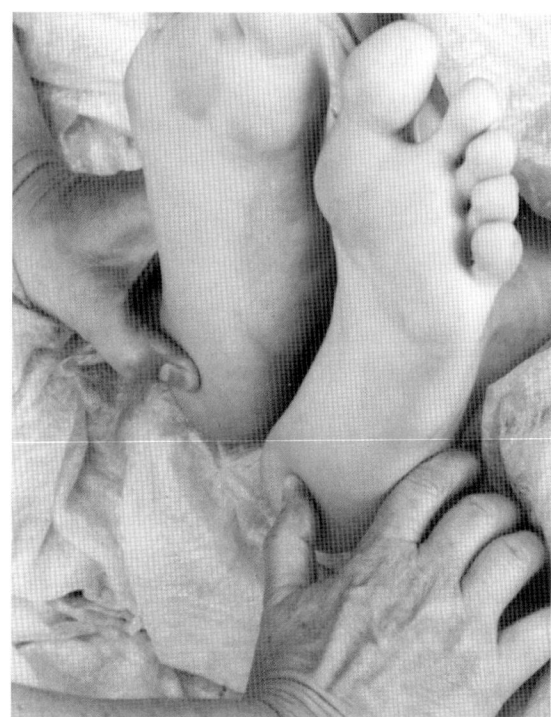

Abbildung 20
Ischiasnerv (36)

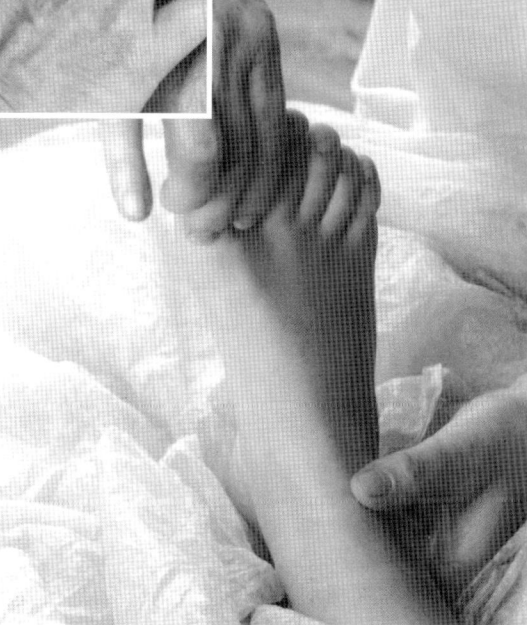

Abbildung 21
Mandeln [41])

Abbildung 22
Wirbelsäule (Mitte [37])

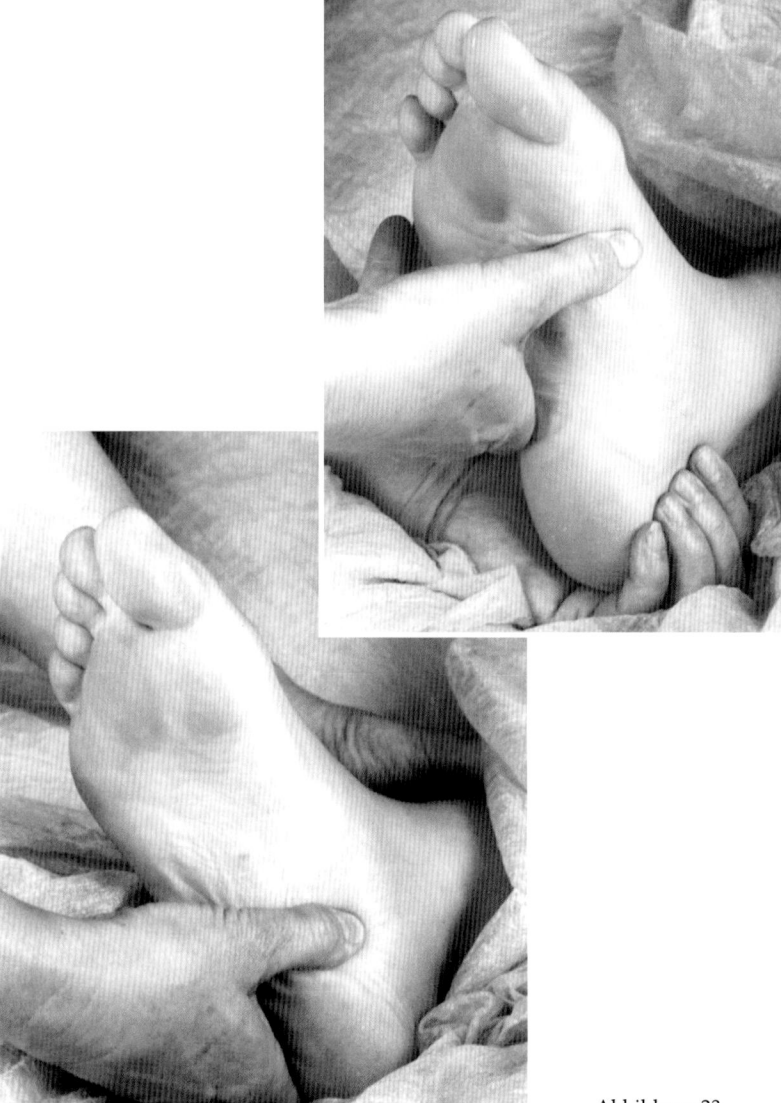

Abbildung 23
Wirbelsäule (Ende [37])

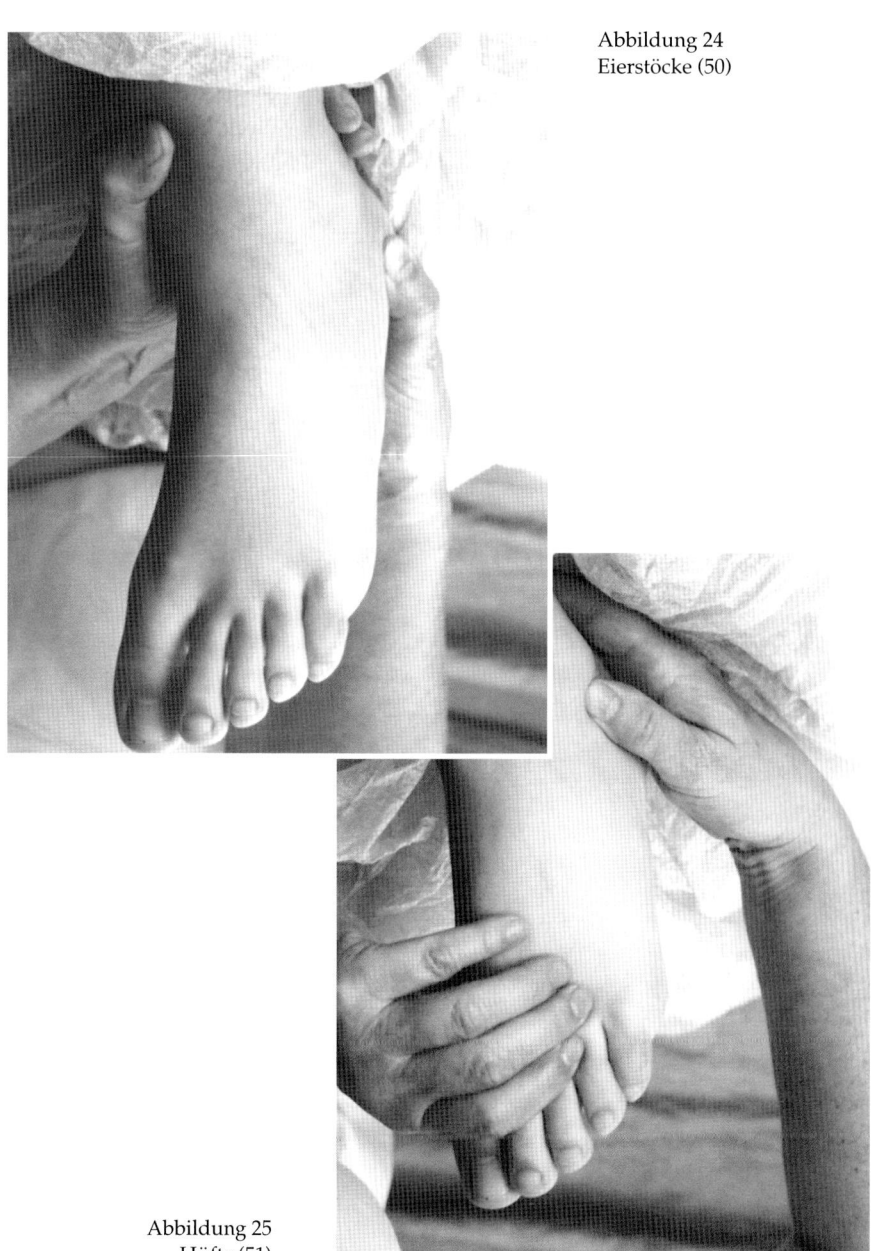

Abbildung 24
Eierstöcke (50)

Abbildung 25
Hüfte (51)

Abbildung 26
(52) Entspannungs-
massage und
Abschluss der
Behandlung
Außen – drei
rhythmische
Kreisbewegungen
nach oben, zwi-
schen 4. und 5.
Zehen-
Grundgelenk
ansetzen

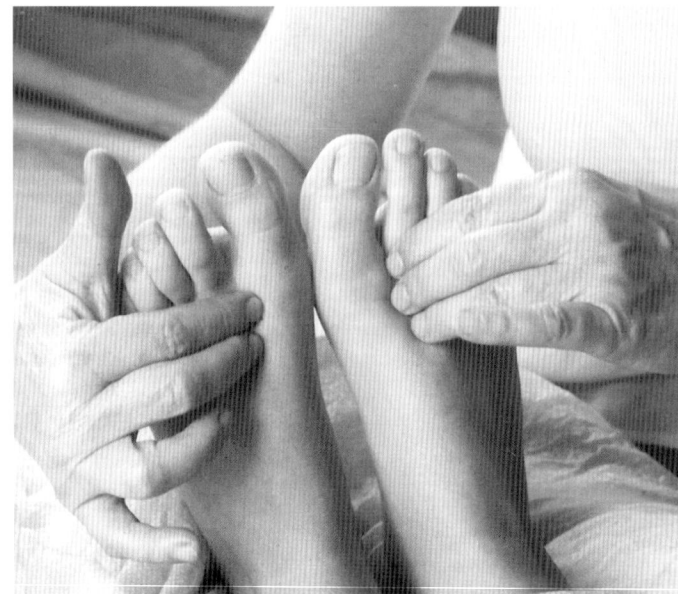

Abbildung 27
(52) Zwischen
großem und dem 2.
Zeh ansetzen und
drei gleichmäßige
Kreisbewegungen
nach oben aus-
führen

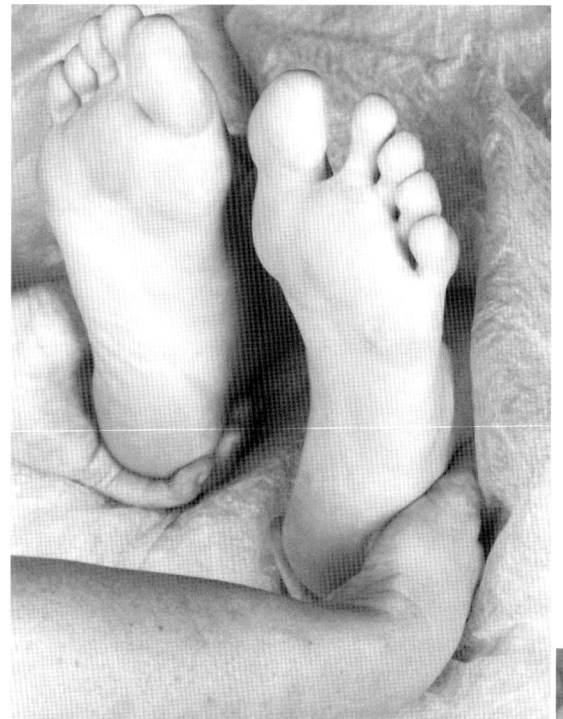

Abbildung 28
Handgriff zum Abschluß;
dient auch zum Ausgleich
der beiden Hirnhälften

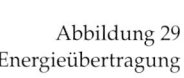

Abbildung 29
Energieübertragung

## *Reflexzonen an der Fußoberseite*

35 Knie
37 Wirbelsäule
38 Gebärmutter
39 Prostata,
   Vagina
40 Hämorrhoiden
41 Mandeln/Nasen-,
   Rachenraum
42 Oberkiefer
43 Unterkiefer
44 Leistenkanal
45 Gleichgewichtsorgan
46 Rippen
47 Brustzone
   Herzbezugszone
48 Parodontose
   Zähne, Unterkiefer

49 Schulter, Oberarm
50 Eierstock, Eileiter,
   Keimdrüse
51 Hüfte
52 Haupt-
   Lymphbahnen

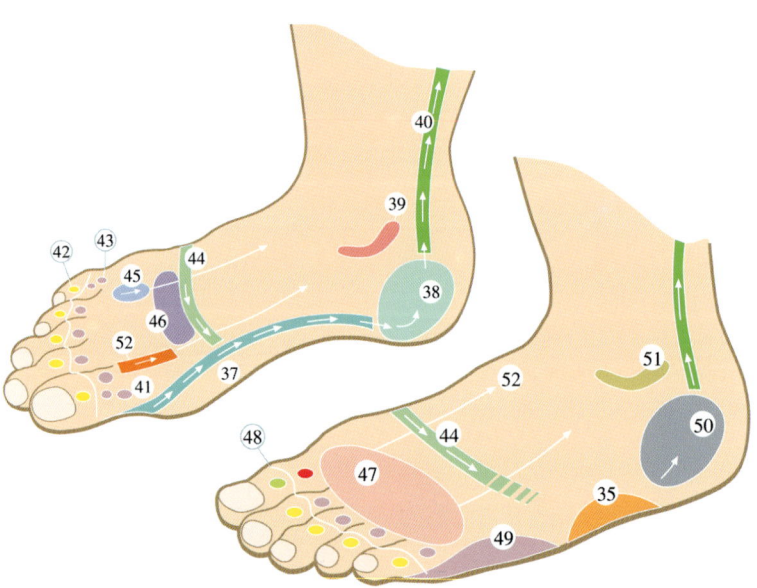

■ Abschluss der Sitzung ■

Zum Abschluss jeder Fußreflexzonenmassage werden zur Harmonisierung die Lymphbahnen (Nummer 52 auf der Fußreflexzonenkarte) massiert. Sie verlaufen auf der Fußoberseite zwischen dem großen und dem zweiten Zeh und zwischen dem vierten und den fünften Zeh nach oben. Setzen Sie an der rechten Fußoberseite mit dem rechten Daumen an und an dem Zehengrundgelenk des linken Fußes mit dem linken Daumen. Sie fahren mit drei rhythmischen Bogenbewegungen in Richtung Leiste (Nummer 44), lassen die Daumen wieder zum Ausgangspunkt zurückgleiten und wiederholen diesen Vorgang ungefähr 3—4 Minuten lang. Dann gehen Sie mit den Daumen auf die Lymphbahnen zwischen dem ersten und dem zweiten Zeh – dabei können Sie auch die Zeigefinger und den Mittelfinger zur sanften Lymphmassage einsetzen – und fahren mit drei rhythmischen Bogenbewegungen nach oben. Diese Massage hat mehr den Charakter von Gleiten und Harmonisieren und wird zur Anregung der Lymphtätigkeit und zur Entspannung verwendet. Sie bildet den Höhepunkt einer Massage und beruhigt Punkte, die vorher geschmerzt haben. Ich lege zum Schluss beide Hände ruhig auf die Fußsohlen, um dem Behandelten über diese Haltung noch einmal tiefe Ruhe und Entspannung zu vermitteln und Energie zu übertragen.

## Tastbefunde und Reaktionen auf die Behandlung

■ Tastbefunde ■

Bei der Fußreflexzonenmassage kann manchmal ein leichter Schmerz entstehen, als hätte der Therapeut den Daumennagel benutzt. Sie nehmen ein scharfes, spitzes Stechen an der Druckstelle wahr. Tatsächlich aber hat sich an der Stelle ein Harnsäurekristall abgelagert, der das Nervenende blockiert. Solche Akutpunkte, die sich schmerzhaft bei Druckdiagnose zeigen, können mit einem Sedierdruck behandelt werden. Der entsprechende Punkt wird ca. 5 Sekunden gedrückt und wieder losgelassen. Dann wird die empfindliche Stelle durchge-

■ Den Sedierdruck solange wiederholen bis die Verhärtungen weicher werden. ■

knetet und -massiert und erneut 5 Sekunden gedrückt. Das wird solange wiederholt, bis die Verhärtung weicher geworden und der Harnsäurekristall nach innen aufgesogen und abtransportiert worden ist.

Manche Organpunkte sind hart und zusammengezogen, das spontane Zurückziehen des Fußes deutet auf eine Empfindlichkeit der Stelle hin. Diese Organpunkte, die wie in einem kleinen Muskelbällchen zusammengezogen sind, fallen mir häufig an der Innenseite des Fußes, am Ende des Wirbelsäulenpunktes, auf. Dort, wo der Blasenpunkt auf den unteren Wirbelsäulenpunkt trifft, werden Ängste und Gefühle festgehalten, die im Kreuzbeinbereich als schmerzhafte Verspannung spürbar werden. Mancher Behandelte empfindet an diesem Organpunkt einen fast angenehmen Schmerz, wenn sich die Spannung löst. Sehr schmerzhafte Stellen sollten nie unter Anspannung gelöst werden. Der Körper reagiert im entspannten Zustand auf die rhythmische Massage immer am besten.

Es gibt Punkte, die sehr wenig elastisch sind, und bei Druck eine Vertiefung im Gewebe hinterlassen. Das liegt daran, dass wir ein Energiepotential besitzen, das bei Krankheit, Alter und in seelischen Krisen ungleichmäßig in unserem System verteilt ist. Durch regelmäßige Fußreflexzonenmassagen können wir dieses Energiesystem in unserem Körper besser ausgleichen. Die Elastizität der Punkte erhöht sich, und körperlich-seelische Kraft und Gesundheit nehmen zu.

Bei einer Entzündung im Körper verfärbt sich der Organpunkt nach einer kurzen Massage rosa. Eine Blasenentzündung kann beispielsweise bis zu zwei Tagen, bevor sich Symptome zeigen, am Organpunkt schmerzhaft empfunden werden. Eine vorbeugende Massage kann den Ausbruch der Krankheit verhindern. Sie unterdrückt den Krankheitsverlauf nicht, sondern unterstützt die Lebenskraft des Betroffenen. Ein chemisches Arzneimittel unterdrückt zwar die Beschwerden, doch es berührt und heilt nicht die Ursache.

Akute Erkrankungen zeigen sich immer als Spannung im Gewebe. Hier gilt der Hermetische Grundsatz: *So oben, wie un-*

*ten – wie außen, so innen.* Im Akutfall können die körperlichen Störungen im Gewebe, mit der Wirkung nach innen, bis zu 5-mal in der Woche mit der Fußreflexzonenmassage behandelt werden.

Beim Abtasten des Fußes von oben nach unten und im Wechsel vom rechten auf den linken Fuß überschneiden sich oftmals einzelne Organpunkte. Dies entspricht der Überschneidung der Organe im Körper. So überschneidet der Organpunkt des linken Lungenflügels den Organpunkt des Herzens. Beim Ertasten des Herzpunktes ist es sehr wichtig, sich genau an die Vorlage der Fußreflexzonenkarte zu halten, manchmal befindet sich an dieser Stelle eine Verhornung oder eine Warze am Fuß, sie zeigt die Störung des Herzpunktes an.

Nach meiner Erfahrung ist bei vielen Menschen der Organpunkt der Hypophyse gestört. Die Hypophyse produziert Hormone und Vorhormone für alle Drüsen, sie ist Hauptschaltstelle für unser körperliches und seelisches Wohlbefinden. Streß und Krankheiten zeigen deutliche Auswirkungen an dieser Schaltstelle. Beziehen Sie die Hypophyse als zentralen Punkt mit in die Massage ein, wenn Sie an sich oder an einem anderen Menschen eine Kurzbehandlung durchführen wollen, und arbeiten Sie an der Wirbelsäule als Kanal des zentralen Nervensystems. Sie hat eine Verbindung zu allen Organen im Körper. Durch die Massage der Hypophyse und der Wirbelsäule kann das gesamte System harmonisiert werden. Bei akuten Symptomen können Sie eine Massage nach der alphabetischen Anleitung zur Kurzbehandlung (»Fußreflexzonenmassage von A—Z«, siehe ab Seite 68) vornehmen und zur Harmonsierung des gesamten Organismus über die Wirbelsäulenpunkte vollenden.

*Tip für den Therapeuten:* ■ Schreiben Sie sich die Organpunkte, die Sie tasten, auf eine Karteikarte. Markieren Sie die Akutpunkte mit dem Marker rot, eine andere Farbe, wie grün oder blau, für die weniger gestörten Organpunkte. Sie schaffen sich so einen Überblick über die Intensität der Störung und können bei der zweiten Sitzung gezielter vorgehen.

■ Reaktionen während der Behandlung ■

Während der ersten Fußreflexzonenmassage können starke Schmerzreaktionen auftreten, die auf eine Funktionsstörung im Körper hinweisen. Die Massage lokalisiert durch die körperliche Reaktion, die sie am Fuß hervorruft, den Ort der Störung im Organismus und hilft zugleich, diese Funktions-

störung zu überwinden. Diese Heilreaktion wird vom Therapeuten unterstützt, indem er den Behandelten auf diesen
Ausgleichsprozess vorbereitet. Die Selbstheilungskräfte werden durch die intensive Gesundheitspflege der Fußreflexzonenmassage aktiviert.

■ Der Therapeut /
die Therapeutin
sollte sich bei
Schmerzreaktionen
beruhigend ver-
halten. ■

Bei Schmerzreaktionen meiner Klienten gehe ich nach kurzem
Sedierdruck des Schmerzpunkts auf den Organpunkt des anderen Fußes über, um dem Nervenende des Schmerzpunktes
Zeit zur Reaktion auf den Druck zu geben. Wenn ich dann nach
3—4 Minuten wieder an den Ausgangspunkt zurückkehre, ist
das Schmerzgefühl meist schon abgeklungen. Der Organpunkt
hat sich etwas entspannt und den davor liegenden Harnsäurekristall teilweise abtransportiert. Kommt es durch zu starken
Druck oder bei geschwächten Menschen zu Schweißaus-
brüchen, liegt eine Fehlsteuerung des Nervensystems vor.
Beruhigendes Streichen und Halten der Füße trägt zur
Entspannung bei.

Decken sie den Behandelten immer gut zu. Da bei der Massage
der Blutstrom und die Energie zu den Organen, also in den inneren Rumpf, gelenkt werden, kann leicht ein Kältegefühl an
den Armen und Beinen auftreten. Starke Reaktionen, wie
Zähneklappern und Muskelverkrampfungen habe ich selten
beobachtet. Sie treten nur auf, wenn der Behandelte unter starker Anspannung und Angst steht oder wenn mit zu starkem
Druck ohne Berücksichtigung der individuellen Schmerzempfindlichkeit gearbeitet wird. In einer solchen Situation
verhalte ich mich beruhigend. Ich halte die Füße in der
Handinnenfläche und streiche sanft über den Fußrist. Geben
Sie dem Behandelten das Gefühl, dass Sie für ihn da sind;
Anspannung und Angst werden sich bald legen.

Fußreflexzonenmassage ist eine sanfte bis energische Behandlung, die Qualität wird durch Spüren der Störung am
Organpunkt in Verbindung mit der Schmerzempfindlichkeit
des Behandelten immer wieder neu festgelegt. Achten Sie darauf, dass der Behandelte so entspannt wie möglich bleibt. Wenn
Sie auf den Gesichtsausdruck des Behandelten achten und rhythmisch und zielgerichtet massieren, wird die Behandlung har-

monisch sein. Ich habe in meiner langjährigen Praxis nie extreme Reaktionen, wie beispielsweise Ohnmacht oder Kollaps, erlebt, da ich einen rhythmischen, sanften Druck dem harten Druck vorziehe.

■ Reaktionen zwischen den Behandlungen ■

Jede körperliche Reaktion auf die Fußreflexzonenmassage, die zwischen den Behandlungen auftritt, sollte unbedingt mit dem Therapeuten besprochen werden. Die darauffolgende Behandlung kann diese Reaktion abschwächen, aber auch noch verstärken. Körperliche Prozesse zeigen, dass die Selbstheilungskräfte des Organismus aktiviert worden sind. Ich möchte nochmals betonen, dass sich unvollendete Krankheitsprozesse durch die Behandlung reaktivieren und vollenden können. Oftmals werden körperliche Veränderungen von den Behandelten zwischen der ersten und der zweiten Massagesitzung am deutlichsten wahrgenommen.

Ausscheidungsprozesse mit stark riechendem Schweiß, Urin oder Stuhl sind eine normale Reaktione, da über Darm und Nieren Toxine ausgeschwemmt werden. Stark riechende Ausscheidungen, wie Schweiß, sind natürliche Heilungsreaktionen. Dieser Vorgang sollte mit viel Wasser oder ungesüßtem Tee unterstützt werden. Dauern die veränderten Ausscheidungen länger als zwei Wochen an, ist fachmännischer Rat einzuholen.

■ Stark riechende Ausscheidungen, wie Schweiß, sind natürliche Heilungsreaktionen. ■

Veränderungen an Haut und Schleimhäuten, wie Nase, Rachen, Bronchien, sind wertvolle Hinweise auf einen Ausscheidungsprozess auf tieferer Ebene. Die Haut, das größte Ausscheidungsorgan, kann mit Eiterbläschen und Ausschlägen auf die Behandlung reagieren. Sie erhält aber durch die Anregung der Stoffwechselorgane eine größere Spannkraft, die Hautausschläge klingen ab, und der Behandelte strahlt insgesamt eine stärkere Vitalität und Gesundheit aus.

Seelische Reaktionen auf die Fußreflexzonenmassage sind mit Gesprächsunterstützung und einfühlsame Hinweise auf die Ursache ein Schritt in Richtung Erkenntnis und Heilung. Durch Weinen und die Fürsorge des Therapeuten lösen sich seelische Spannungszustände während der Behandlung.

■ Seelische Verhärtungen können sich bei der Massage durch Weinen lösen. ■

Sollte sich während der Behandlung die Körpertemperatur erhöhen, ist das als ein gutes Zeichen zu werten. Das Abwehrsystem beschleunigt die Stoffwechselaktivitäten und versucht die Ausscheidungsprozesse zu verkürzen. In diesem Fall sollte man dem Körper Ruhe gönnen, bis die Situation bewältigt ist. Oftmals werden nicht nur Heilkrisen erlebt, sondern meine Klienten berichten mir auch von einem tieferen körperlich-seelischen Wohlbefinden.

Im Heilungsverlauf können alte chronische Krankheiten, wie Rheuma oder Zahnentzündungen und Nebenhöhlenbeschwerden aktiviert werden. Sie sollten nicht mit chemischen Medikamenten unterdrückt werden, sondern bedürfen neben der Reflexzonenmassage einer homöopathischen oder anderen naturheilkundlichen Behandlung. Die anfängliche Verschlimmerung der Schmerzzustände bei rheumatischen Erkrankungen lässt häufig nach der 6.—8. Behandlung nach. Die Massage sollte über mehrere Monate noch mindestens zweimal im Monat durchgeführt werden, dann stabilisiert sich der Gesundheitszustand, und die Behandelten werden meistens beschwerdefrei.

Körperliche Reaktionen auf die Fußreflexzonenmassage dürfen nicht mit den Nebenwirkungen chemischer Arzneimittel gleichgesetzt werden; sie sind Symptome, die den Ausgleich und die Heilung im Körper herstellen wollen. Im Allgemeinen treten diese Symptome und Reaktionen nur schwach und undramatisch auf, dabei lässt sich aber eine insgesamte körperliche und seelische Verbesserung des Behandelten feststellen, der Sie ermutigen wird, den Prozess weiter zu unterstützen.

## Gegenanzeigen: Entzündungen und Infektionen

Es gibt nur wenige gesundheitliche oder körperliche Beeinträchtigungen, bei denen von einer Fußreflexzonenbehandlung abzuraten ist:

1. An oberster Stelle steht für mich die Venenentzündung. Sollten Sie während einer Entzündung massieren, führt das zu einer gefährlichen Verschlimmerung der Entzündung. Bei einer starken Krampfaderbildung kann auch ein akutes Entzündungsstadium durch die Massage eintreten. Es entsteht Thrombosegefahr, die zu einer Verstopfung eines Blutgefäßes führen kann. In diesem Fall bitte die Finger von den Füßen lassen!

2. Bei infektiösen, fieberhaften Erkrankungen läuft der Körper bereits »auf Hochtouren« im Abwehrprozess. Durch die Massage der Füße wird der Vorgang noch mehr aktiviert, es kommt zu überschießenden Reaktionen. Der Körper wird überfordert. Es ist ratsam, erst wieder zu massieren, wenn das Fieber gesunken ist.

3 Bei Gangrän (Brand) an den Zehen und schlecht heilenden Brüchen mit entzündlichen Bereichen um den Bruch sollte nicht massiert werden. Die Fußreflexzonenmassage ist schon aus Schmerzgründen nicht anwendbar.

4. Bei Risikoschwangerschaften sollte aus Sicherheitsgründen gar nicht massiert werden.

5. Nach einer Operation sollten mindestens vier Wochen vergehen, ehe die Füße wieder massiert werden. Nach dieser Zeit ist der Heilungsprozess der Blutgefäße vollzogen, und eine Massage kann unterstützend wirken.

Wie Sie sehen, gibt es nur wenige Fälle, in denen die Fußreflexzonenmassage ein Risiko mit sich bringt. Es gibt aber ein breites Anwendungsspektrum, in dem wir diese Arbeit heilsam und sinnvoll einsetzen können. Im letzten Kapitel gebe ich Ihnen einen ausführlichen Überblick, bei welchen psychosomatischen Problemen Sie die Fußreflexzonenmassage bei sich oder einem Partner anwenden können.

# V. Fußreflexzonentherapie von A—Z

Mit der Auflistung der Organpunkte bei Krankheiten werden hauptsächlich Schwerpunkte gesetzt. Ich empfehle Ihnen, darüber hinaus im Sinne der Ganzheitlichkeit den ganzen Fuß zu behandeln.

Im Bereich der homöopathischen Behandlung empfehle ich Mittel, die ich für die jeweilige Krankheit am meisten einsetze. Sie sollen als Anregung dienen und erheben nicht den Anspruch, das Spektrum einer Krankheit vollkommen abzudecken. Bei chronischen Krankheiten sollten Sie immer einen ausgebildeten Homöopathen zu Rate ziehen.

## A

Legende zu den Piktogrammen:

Problem

### Abmagerung bei Schilddrüsenüberfunktion

Problem: Die Störung der Schilddrüsenfunktion führt zu starken Stimmungsschwankungen, von himmelhoch jauchzend bis zu Tode betrübt.

Massage

Massage: Massieren Sie intensiv den Solarplexus 1, unser sympathisches Nervensystem. Massage der Schilddrüse 16, wichtig ist dabei die Massage des Hypophysepunktes 6, der die Schilddrüse steuert. Da die Überfunktion der Schilddrüse zu Herzrasen führt, massieren Sie die Brust- und Herzbezugszone 47. Zum Abschluss Massage der Lymphbahnen 52 an der Oberseite des Fußes.

Homöo-pathie

Homöopathie: Hilfreich ist *Jodum LM 6* – bei nervösen, schwarzhaarigen Frauen, *Natrium-mur C 30* – bei sensiblen Menschen, die sich trotzig zurückhalten und nicht sagen, was sie denken.

## Abzess

Problem: Ein Abzess ist wie ein kleiner Krater mit eitriger Eruption in der Haut. Es wird vermutet, dass diese Eiterung durch widersprüchliche Gefühle von Geringschätzung und Rache ausgelöst werden.

Massage: Je nachdem, wo sich der Abzess befindet, Massage der entsprechenden Zone sowie der Lymphpunkte 12 und 52.  Massage der Nieren 24 zur Ausscheidung. Häufig verlangt die Abzessbildung nach einer Massage der Bauchspeicheldrüse 20, um den Stoffwechsel zu unterstützen.

Homöopathie: Als homöopathisches Mittel empfiehlt sich *Hepar sulfuris C 4* oder auch *Hepar sulfuris C 200* oder *C 100*, weil  auf der seelischen Ebene viel unterdrückte Wut ist; zwischendurch *Sulfur Jodatum C 2* zum Ausleiten des Eiters.

## Akne

Problem: Mangelhafte Entgiftung des Körpers. Der Betroffene vergiftet sich psychisch, weil er sich selbst ablehnt.

Massage: Nebennieren 23, Nieren, Harnleiter und Blase 24— 26, Massage der Leber 22 und Gallenblase 21. Verstärkt sich bei Frauen die Akne kurz vor der Periode, liegen hormonelle Gründe vor. In diesem Fall werden besonders Hypophyse 6, Gebärmutter 38 und Eierstöcke 50 massiert.

Homöopathie: Bei mißtrauischen und zurückgezogenen  Menschen *Mercurius solubilis LM 6*, wenn die Akne mit viel Eiter auftritt. *Belladonna LM 6*, wenn Gesicht und Oberkörper mit roten tiefgehenden Läsionen ohne Eiter überdeckt sind (bösartige Form der Akne).

Problem: Bei Männern, die nach dem zwanzigsten Lebensjahr noch stark an Akne leiden, liegen fast immer hormonelle  Störungen vor.

Massage: Wie oben angegeben sowie die Keimdrüsen 50.  Entspannungsmassage der Lymphpunkte 52 zum Abschluss.

Homöopathie: Wer in der Kindheit emotional oder sexuell miss-  braucht wurde – *Kalium bromatum C 3* und *C 200* im Wechsel. Bei Männern, die mit 20 Jahren noch keine Freundin hatten, schüchtern und gehemmt sind und unter innerer Unruhe leiden – *Rhus tox LM 6—LM 24*. *Carcenosinum* C 200—1000 für die Harmoniesüchtigen, die sich nicht durchsetzen können.

## Allergie

 Problem: Eine Allergie ist eine Unverträglichkeit von bestimmten Stoffen wie Staub (Erde) oder Blütenpollen. Hier liegt eine Angst vor Entfaltung und Erblühen im eigenen Leben vor.

 Massage: Hypophyse 6 (Beseitigung von Stress durch Harmonisierung der Drüsenfunktion), Anregung der Nebennieren (Produktion von Cortison) 23, Nieren, Harnleiter und Blase 24—26 (Giftstoffausscheidung), Nebenschilddrüse (Calciumstoffwechsel) 8, intensive Lymph- und Entspannungsmassage 52.

 Homöopathie: Zur Vorbeugung bei Blüten-Allergie bereits im Dezember bis Februar 1-mal monatlich *Histaminicum 10000*; im Akutfall hat sich *Allium cepa C 6* (die Hauszwiebel – rote Augen und triefende Nase) 1—2-mal täglich bewährt. Bei Hunde-Allergie *Lac caninum C 30*, bei Milchallergie *Lac defloratum C 30* täglich.

## Angina

 Problem: Etwas schnürt den Hals zu und kann verbal nicht ausgedrückt werden.

Massage: Hypophyse 6, alle Kopflymphbahnen, die Innenseiten der Zehen, die Oberseite des großen Zehs, Mandeln 41, Nasen- und Rachenraum 3, Ausleitung über Nebenniere 23 (Stressabbau über Adrenalinregulation), Niere, Harnleiter und Blase 24—26. Lymphpunkte 52 als Entspannungs- und Abschlussmassage.

 Homöopathie: Wenn eine Erkältung im Hals beginnt, empfiehlt sich sofort *Phytolacca C 6* zu nehmen. Die Erkältung wird oft durch eine sehr unangenehme Situation ausgelöst. Bei Unterkühlung oder Durchnässung – *Rhus tox C 6*; *Mercurius-jodatus-floratum LM 6* bei eitriger Angina.

## Angina pectoris

Problem: Eine Herz- oder Brustenge kann der Vorbote eines Herzinfarktes sein. Schmerzen hinter dem Brustbein oder im linken bzw. rechten Schulter-Arm-Hand-Bereich erfordern unbedingt eine ärztliche Behandlung, die folgendermaßen unterstützt werden kann:

Massage: Hypophyse 6, Herz 17, Nebennieren 23 (Produktion von Adrenalin) und Niere, Harnleiter und Blase 24—26 (Giftstoffausscheidung), Magendarmtrakt 18, 19, 20, alle Punkte von 28—34. Massage der Herzreflexzonen 47, damit vom Magen her kein Druck mehr über das Zwerchfell auf die Herzspitze ausgeübt werden kann. Abschlussmassage der Lymphbahnen 52.

Homöopathie: *Arnica C 200* im Akutfall (hat das Gefühl, hilflos einer Situation ausgeliefert zu sein). Wenn innere Unruhe sowie eine rheumatische Anfälligkeit vorliegen – *Rhus tox C 6—C 200; Cactus C 4* zur Stärkung des Herzens 2-mal täglich.

## Angstgefühle

Problem: Der Mensch hat Angst vor dem Lauf des Lebens.

Massage: Intensive Massage des Solarplexus zur Harmonisierung der Psyche. Massage der Kopfzonen 2—5 sowie im besonderen Hypophyse 6, Nebenniere 23 (Adrenalinausschüttung), Niere, Harnleiter und Blase 24—26 (Sitz der Angst; Angst loszulassen), Wirbelsäule 37 (Harmonisierung aller Organe; Ende der Wirbelsäule und der Blasenpunkt überdecken sich fast), Entspannungs- und Lymphmassage 52.

Homöopathie: Wenn die Angst abends größer wird, bietet sich *Arsenicum album C 200* oder *10000* an (hat fixe Ideen, beispielsweise Angst vor Einbrechern). *Aconitum C 200* oder auch *C 1000* bewährt sich bei großer Angst zu sterben (Todesangstkonflikt). Bei großer innerer Unruhe und Angst – *Rhus tox C 200.*

## *Appendizitis* (Blinddarmentzündung)

Problem/Massage: Entzündung des Wurmfortsatzes 28, markiert den Übergang vom Dünn- in den Dickdarm. Entsteht zwischen kritischem Denken und dem Wunsch, den Konflikt zu verdrängen. Auf jeden Fall vom Arzt untersuchen lassen, da durch die Reflexzonenbehandlung kurzfristig die Symptome verschwinden können, aber die Resorbierung des Eiters nicht gewährleistet ist. Lymphmassage zum Abschluss 52.

Homöopathie: *Belladonna LM 6* bei Fieber und einem roten Kopf. *Sulfur jodatum C 4* und *Hepar sulfuris C 4* zum Resorbieren der Entzündung.

## *Armschmerzen*

Problem: Im Arm sitzt der Impuls, jemanden zu umarmen oder ihn wegzustoßen. Wenn diese Gefühle blockiert werden, können sich Schmerzen im Arm entwickeln.

Massage: Solarplexus 1, Hypophyse 6, Schultergelenk 11, Bauchspeicheldrüse 20, Leber 22, Niere, Harnleiter und Blase 24—26, Schulter 12, Oberarm 49, Massage des Nackens 7.

Homöopathie: Rheumatische Gelenke, Entlastung der Leber, Bauchspeicheldrüse und Niere, Entsäuerung des Körpers – *Lycopodium C 30.* Bewährt hat sich auch *Rhus tox C 30* bei innerer Unruhe und Hemmungen.

## *Arterienverkalkung*

Problem: Die Gefäße verhärten und verengen sich. Viele »saure« Situationen im Leben sind unverarbeitet geblieben. Der Körper drückt die Einengung, die auf der geistigen Ebene stattgefunden hat, aus. Der Durchfluss der Arterien wird durch Härte und Kalk behindert; die Folgen sind hoher Blutdruck und Herzbeschwerden.

Massage: Beginn mit Solarplexus 1, dann Massage der gesamten Kopfzonen 2—6, Massage von Nieren, Harnleiter und Blase 24—26. Massage der Nebenniere 23 steuert wichtige Stoffwechsel- und Kreislauffunktionen. Übersäuerung durch Aufnahme von zuviel tierischem Eiweiß.

Homöopathie: Bei rheumatischer, gichtiger Veranlagung *Acidum benzoicum* oder *Acidum formicicum LM 6*. Herzkrämpfe mit Angst, lässt die Liebe nicht in sein Herz – *Cuprum met. LM 6*; bei Herzbeklemmung (Stenokardie), Schwindel und Schlaflosigkeit – *Arnica C 6*.

## Arthritis, Arthrose

Problem: Den Betroffenen zeichnet Bitterkeit und Groll aus, er traut dem Leben nicht. Eingeschränkte körperliche Bewegungsfreiheit verhindern das Vorwärtsgehen sowohl körperlich als auch geistig-seelisch.

Massage: Solarplexus 1, Hypophyse 6, Massage der entsprechenden Gelenke (Schultergelenk 11), Massage der Bauchspeicheldrüse 20 (Stoffwechsel für die »Süße des Lebens«), Nebenniere 23 (Cortison), Niere, Harnleiter und Blase 24—26. Lymphbahnenmassage 52.

Homöopathie: Bei verbitterten, selbstzentrierten Menschen, die nicht verzeihen können – *Acidum nitricum LM 6—24* ansteigend. *Rhus tox C 6*, wenn die Bewegung des Gelenks nach einer Ruhephase anfänglich schmerzt.

## Asthma

Problem: Angst vor dem Leben. Unterdrücktes Weinen; Festhalten des Atems durch Krampf in den Bronchien.

Massage: Solarplexus 1, Hypophyse 6, Nebenschilddrüsen 8 (Calciumstoffwechsel), Lungen und Bronchien 14, 15 (Durchblutung), Nebennieren 8 (Cortison), Niere, Harnleiter und Blase 24—26, Massage der Lymphknoten 12 und der Lymphbahnen 52 zur Entspannung.

Homöopathie: *Aconit LM 6* bei Atemnot mit Angst und Herzklopfen; *Arsenicum album C 200* bei nächtlicher Atemnot und Angst, die Luft loszulassen; *Antimonium ars LM 6* ist gut für Menschen, die abweisend sind und nicht angefasst werden wollen. Bei *Belladonna LM 6* steht ein Krampf der Atemwege im Vordergrund; bei einer Stauung in der Lunge ist *Lycopodium LM 6* empfehlenswert.

## Aufstoßen, saures

Massage: Solarplexus 1, Magen 18, Zwölffingerdarm 19, Bauchspeicheldrüse 20, danach alle Darmabschnitte von 27—34.

Homöopathie: *Magnesium carbonicum C 6; Acidum aceticum C 6* (Essigsäure) bei Körperübersäuerung.

## Augenstörungen

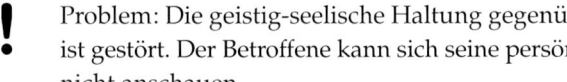

Problem: Die geistig-seelische Haltung gegenüber dem Leben ist gestört. Der Betroffene kann sich seine persönliche Situation nicht anschauen.

Massage: Solarplexus 1, Hypophyse 6, Augen 9, Leber (Entgiftung) 22, Bauchspeicheldrüse 20 (Stoffwechsel), Niere, Harnleiter und Blase, 24—26; zur Entspannung Lymphpunkte 52.

Homöopathie: *Agaricus LM 6*, wenn die Augen wegen Überanstrengung verkrampft sind. Berührungs- und Druckempfindlichkeit: *Aurum metallicum C 30* und *Hepar sulfuris C 30*. *Cyclamen* bei Angst hinzuschauen; bewährtes Mittel bei Schielen.

## Ausfluss aus der Scheide

Massage: Solarplexus 1, Hypophyse (Hormonanregung) 6, Wirbelsäule 37 (Entlastung und Harmonisierung), Massage der Scheide 51 und Gebärmutter 38, Massage der Lymphbahnen 52.

Homöopathie: Bei redseligen Frauen mit wenig Selbstwertgefühl und schmerzhaftem Ausfluss hat sich *Lachesis LM 24* bewährt, *Sepia C 200* bei intellektuellen Frauen, die Männer ablehnen. Bei gelb-grünem Ausfluss und dem Gefühl des Herabdrängens im Unterleib hilft *Hydrastis LM 6—24*.

# B

## *Bandscheibenschäden*

Problem: Starker emotionaler Druck und Unentschlossenheit, die im Lendenwirbelbereich festgehalten wird. Der Betroffene hat das Gefühl von eigener Unzulänglichkeit und fühlt sich emotional nicht unterstützt.

Massage: Solarplexus 1, Hypophyse 6, Niere, Harnleiter und Blase 24—26, Massage der Magen- und Darmpunkte 18—34 (die Leber-Gallepunkte zur Aktivierung von Aufbaustoffen), Wirbelsäule 37, Entspannungsmassage an den Lymphpunkten 52.

Homöopathie: *Natrium muriaticum LM 6—24* aufsteigend, wenn seelische Verletzungen die Blockade bedingen. *Nux vomica C 6*, wenn Stress und Ärger den Beschwerden vorausgegangen sind.

## *Basedow'sche Krankheit* (Schilddrüsenvergrößerung)

Problem: Die Schilddrüse bildet Hormone, die die Stoffwechselabläufe im Körper bis zum Zellstoffwechsel bestimmen. Bei einer Überfunktion der Schilddrüse läuft der Körper »auf Hochtouren«, die Kapazität der Schilddrüsenlappen wird vergrößert, und der Körper ist in andauernder Alarmbereitschaft. Ein Kropf ist die Folge von Jodmangel. Häufig liegt eine Unterfunktion der Schilddrüse vor, der Körper lagert Flüssigkeit ein. Der Betroffene fühlt sich oftmals müde und abgespannt. Haarausfall kann eine Folge sein, besonders betroffen sind die Augenbrauen im Schläfenbereich.

Massage: Hypophyse 6, Nebenschilddrüse 8 (Mineralstoffwechsel), Schilddrüse 16, Nebenniere 23 (Adrenalinproduktion), Wirbelsäule 37 (allgemeine Körperharmonisierung), Lymphpunkte 12 und zur Entspannung Lymphbahnen 52.

Homöopathie: Bei gereizten, schwarzhaarigen Frauen verordne ich oftmals *Jodum LM 6* und *Bromum C 6*, bei blonden Frauen außerdem eventuell *Thyriodeum C 12*, um die Schilddrüse ohne Thyroxin (synthetisch) zu unterstützen.

## Bauchspeicheldrüsenentzündung

**Problem:** Der Betroffene hat den Kampf, sich die »Süße des Lebens« zu holen, verloren. Resignation und Enttäuschung behindern die Enzymbildung der Bauchspeicheldrüse. Wird durch Streit und Streß noch Adrenalin freigesetzt, kommt es zu einem inneren Kampf zwischen dem Impuls zu fliehen und der Resignation über eine scheinbar aussichtslose Situation.

**Massage:** Solarplexus 1, Hypophyse 6, Schilddrüse 16 (Stoffwechsel), Zwölffingerdarm 19, Bauchspeicheldrüse 20, Nebenniere 23 (Adrenalinanregung), Abschlussmassage an den Lymphpunkten 52.

**Homöopathie:** *Phosphorus C 200* – sich abgrenzen lernen gegen übermächtige Einflüsse von außen, die nicht verdaut und assimiliert werden können. *Pancreas Metoreisen-Ampullen* unterstützen den Genesungsprozess.

## Bauchschmerzen, Bauchkrämpfe

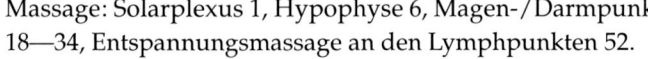

**Problem:** Bauchschmerzen hängen fast immer mit unverarbeiteten Gefühlen von Wut und Traurigkeit zusammen.

**Massage:** Solarplexus 1, Hypophyse 6, Magen-/Darmpunkte 18—34, Entspannungsmassage an den Lymphpunkten 52.

**Homöopathie:** *Cocculus C 30* heilt starke Bauchkrämpfe; sich vorbeugen lindert den Bauchschmerz. *Colocynthis LM 6* bei »sauren«, nervösen Menschen.

## Bechterew'sche Krankheit

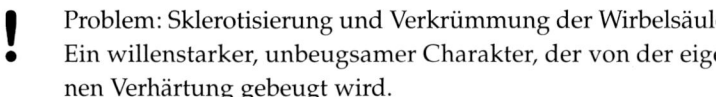

**Problem:** Sklerotisierung und Verkrümmung der Wirbelsäule. Ein willensstarker, unbeugsamer Charakter, der von der eigenen Verhärtung gebeugt wird.

**Massage:** Hypophyse 6, Nebenniere 23, Niere, Harnleiter und Blase 24—26, Magen- und Darmpunkte 18—34, Wirbelsäule 37 sowie Lymphpunkte 52.

**Homöopathie:** Wirbelsäule wird wie eingefroren empfunden – *Aesculus LM 6—24*.

## Beine, geschwollene

Massage: Solarplexus 1, Herz 17 (Rechtsherzinsuffizienz), Niere,  Harnleiter und Blase 24—26, Massage der Lymphpunkte 52. Homöopathie: *Digitalis LM 6*, wenn das Herz betroffen ist. *Berberis C 30*, wenn eine Nierenschwäche vorliegt, *Lycopodium C 30*, wenn der Körper dünn ist und nur die Beine geschwollen sind, *Apis C 6* bei arbeitsamen Menschen: die Beine sind dick und rotgeschwollen, der Betroffene hat eine Nierenschwäche.

## Bettnässen

Problem: Das Kind hat meist Angst vor den Eltern, insbesondere vor dem Vater. Bei Tag steht es unter Druck, nachts lässt es unbewusst los (»Weinen über die Blase«).
Massage: Solarplexus 1, Nebenniere 23 (Streßabbau), Niere,  Harnleiter und Blase 24—26, Lymphbahnenmassage 52.
Homöopathie: *Phosphorus C 200* bei ängstlichen, zarten  Kindern; heilt eine Blasenmuskelschwäche. *Kalium phosphoricum C 200* bei nervösen Kindern (zentrales Nervensystem). *Causticum C 200*, wenn die Blase im ersten Schlaf loslässt; *Belladonna C 200* im tiefen Schlaf. *Pulsatilla LM 6*, wenn das Kind vom Harnlassen träumt.

## Blähungen

Problem: Unverdaute Ideen – alles nur heiße Luft.
Massage: Im Oberbauch: Magen, Zwölffingerdarm und  Bauchspeicheldrüse 18—20, außerdem Leber und Galle 21— 22. Im Unterbauch: Blinddarm 28 sowie alle Darmabschnitte 29—34. Der Milzpunkt 33 unterstützt das Lymphsystem. Abschlussmassage der Lymphpunkte 52.
Homöopathie: Staut seine Gefühle – viel Wind um nichts –, ist  ein typischer Angeber: *Lycopodium LM 24*. Ist in seinem Leben  unklar und umnebelt, kann keinen klaren Gedanken fassen (verbunden mit einer Leberschwäche) *Carbo vegetabilis LM 6*.

## Blasenentzündung

Problem: Ängstlich an alten Ideen festhalten. Die Blasenentzündung zeigt, wie schmerzhaft es sein kann, loszulassen. Massage: Solarplexus 1, Hypophyse 6, Nebenniere 23 (Stressabbau), Niere, Harnleiter, speziell Blase 24—26. An der Wirbelsäule 37 entlang läuft der Blasenmeridian (Angst loszulassen). Lymphpunkte 52 zur Entspannung.

Homöopathie: Bei brennender Blase beim Wasserlassen – *Cantharis C 6*, hat viel zurückgehaltenes Temperament aus Angst vor den Folgen. Weinerliche Mädchen, die viel Zuwendung brauchen – *Pulsatilla C 6*. *Sepia C 30* bei dem Gefühl, dass die Blase herabdrängt. Blasenentzündung mit Nierensteinen und Schmerzen am Ende des Harnlassens wird oft von *Sarsaparilla C 30* geheilt.

## Blutarmut

Problem: Der Betroffene zeigt wenig Freude; bei ihm liegt eine besondere Form der Ich-Schwäche vor.
Massage: Solarplexus 1, Hypophyse 6, Stoffwechselorgane 18—32, die Milz 33 (Blutproduzent) sollte besonders massiert werden. Wirbelsäule 37 (stabilisiert das Rückgrat des Menschen), Lymphpunkte 52 als Entspannungsmassage.

Homöopathie: *Ferrum phosphoricum LM 6* stärkt das kämpferische Potential sowie das Durchhaltevermögen; hilft Kindern in ihrem Entwicklungsprozess. Ich gebe es im Wechsel mit *Cuprum metallicum C 6* (Kupfer ist der Gegenspieler von Ferrum-Eisen), es bringt eine schnelle Verbesserung der Blutarmut.

## Blutdruck, erhöhter

Problem: Der Betroffene steht unter ständigem Druck, ohne eine Lösung zu finden, und hält seine Gefühle zurück. Das Zurückhalten führt zur Kontraktion der Blutgefäße. Bei Verkalkung oder nachlassender Gefäßelastizität wird der Blutdruck erhöht (Erstarrung/Unflexibilität im Alter).

Massage: Solarplexus 1, Hirnstamm 5 und Hypophyse 6,
Medulla oblongata 7 (Atem-Kreislaufzentrum, Innenseite des
großen Zehs), alle Kopfzonen zwischen den Zehen gut durcharbeiten. Niere 24 (Reninproduktion – Steuerung des Blutdrucks), Harnleiter 25, Blase 26, Entspannungsmassage der
Lymphbahnen 52.

Homöopathie: Bewährt haben sich *Adrenalinum C 12*, um die
Nebenniere zu entlasten und den Druck aus den Gefäßen und
der Lebenssituation zu nehmen, und *Aurum metallicum C 30* bei
Depressionen mit Herzschwäche. *Plumbum jodatum LM 6* bei
Schrumpfniere, der Betroffene bildet unzulänglich Renin für
die Regulierung des Blutdrucks.

## Blutdruck, niedriger

Problem: Bei niedrigem Blutdruck weicht der Mensch vor
Widerständen zurück.

Massage: Solarplexus 1, Hirnstamm 5 und Hypophyse 6,
Medulla oblongata 7 (Nacken), alle Kopfzonen zwischen den
Zehen gut durcharbeiten, Niere 24 (Reninproduktion –
Steuerung des Blutdrucks), Harnleiter 25, Blase 26. Entspan-
nungsmassage der Lymphbahnen 52.

Homöopathie: Ist niedriger Blutdruck mit einer Nierenschwäche verbunden, kann oder will sich der Betroffene oftmals einem Partnerschaftsproblem nicht stellen. In diesem Fall
hat sich *Berberis C 30* bewährt. Wird niedriger Blutdruck von
einer Schilddrüsenunterfunktion begleitet, ist *Thyriodeum C 12*
hilfreich.

## Brechdurchfall

Massage: Solarplexus 1 (sympathisches Nervensystem),
Hypophyse 6 und Schilddrüse 16 (Stoffwechsel), Magen-
Darmtrakt mit Leber und Gallenblase 18—34. Entspannungs-
massage der Lymphbahnen 52.

Homöopathie: *Ipecacuanha LM 6* wirkt auf das sympathische Nervensystem und heilt Brechdurchfall. Wenn der Säfteverlust durch Krankheit zu groß ist, kann der Flüssigkeitshaushalt mit *China C 200* wieder ausgeglichen werden. Wenn eine Vergiftung, z. B. durch bestimmte Lebensmittel, vorliegt, empfiehlt sich *Arsenicum album C 30*. *Pulsatilla C 6* hilft bei fetten Speisen. Nach einer zu üppigen Mahlzeit ist *Nux vomica C 6* oder *Sulfur C 6* für die Reinigung und Ausscheidung gut.

## Brennende Füße

 Problem: Stauung in den Füßen. Der Betroffene kann kein Vertrauen zum Leben aufbauen, da die Umstände in seinem familiären Umfeld zu chaotisch sind.

 Massage: Solarplexus 1, Hypophyse 6 und Nebenschilddrüse 8. Massage der Bronchien und der Lunge 14 und 15, Nebenniere 23. Abschlussmassage der Lymphpunkte 52.

 Homöopathie: *Acidum fluor LM 6—24*, wenn der Betroffene ein Außenseiter in der Familie ist. *Barium carbonicum C 30* ist ein gutes Mittel für alte Leute, die eine gichtische Veranlagung haben. *Sepia C 200* hilft bei heißen Füßen und kalten Händen. Menschen, die krampfhaft bemüht sind, sich ihre Unsicherheit und ihr Mißtrauen nicht anmerken zu lassen – *Magnesium muriaticum C 6*. *Sulfur C 200* klärt die Gedanken und lässt den Menschen wieder Boden unter den Füßen gewinnen.

# C

## Calciummangel

Massage: Hypophyse 6, Nebenschilddrüse 8. Abschlussmassage der Lymphpunkte 52.

Homöopathie: *Calcium carbonicum* C 6 im Wechsel mit *Magnesium carbonicum* C 6 (Antagonist von Calcium); bringt Struktur und Stärke ins Leben.

## Cellulitis

Problem: Fehlende Willenskraft und zurückgehaltene Wut.
Massage: Solarplexus 1, Hypophyse 6. Eine Massage an der Außenseite des Knöchels nach oben beeinflusst die Cellulitis an den Oberschenkeln. Wichtig ist die Massage der Keimdrüsen (Eierstöcke bzw. Gonaden). Massage der Nebenniere 23 (Adrenalin). Abschlussmassage an den Lymphpunkten 52.

Homöopathie: *Silicea* C 6—200 hat sich als hilfreich erwiesen, um die Struktur des Bindegewebes zu stärken; es unterstützt die Betroffene, ihren eigenen Willen wahrzunehmen. *Conium* C 30 hilft bei Bindegewebsverhärtungen. Frauen mit zurückhaltendem Gemüt und innerer Unruhe sollten *Rhus tox* C 6 versuchen.

# D

## Darmschleimhautentzündung

Problem: Diese Entzündung wird oftmals durch Angst und Sorgen sowie das Gefühl, nicht gut genug zu sein, ausgelöst.
Massage: Solarplexus 1, Hypophyse 6, Magen-Darmtrakt 18—34. Abschlussmassage der Lymphpunkte 52.

Homöopathie: *Sulfur LM 24* hilft Menschen, die seelische Verletzungen verdrängen, trotzig und verbittert sind und der Umwelt die Schuld für ihre Leiden geben. Sie horten fortwährend überflüssige Dinge und können auch im Darm nicht loslassen – *Sulfur* bringt Ordnung in den Organismus.

## Diabetes

**Problem:** Zusammenbruch der B-Zellen in der Bauchspeicheldrüse verbunden mit tiefer Resignation. Insulin wird zuwenig oder gar nicht produziert. Die »Süße des Lebens« (Glukose) kann nicht mehr ohne Unterstützung einer künstlichen Insulininjektion in den Körper eingebaut werden.

**Massage:** Solarplexus 1, Hypophyse 6, Schilddrüse 16, Magen und Zwölffingerdarm 18—19, Bauchspeicheldrüse 20. Lymphpunkte 52.

**Homöopathie:** Arbeitswütige Menschen, die ständig ihre eigenen Grenzen überschreiten, brauchen bei Diabetes *Carcenosinum C 200—1000. Phosphorus* ist ähnlich wie *Carcenosinum* und hilft Betroffenen, die nicht nein sagen und sich nicht abgrenzen können. Wenn eine »saure« Situation der nächsten folgt und bereits den gesamten Organismus übersäuert hat – *Acidum lacticum C 12* (Milchsäure). *Sulfur C 30—200* hilft Menschen, die ständig gegen alles kämpfen und zu kritisch sind.

## Dickdarmentzündung

**Problem:** Angst und Sorgen, verbunden mit dem Gefühl, nicht gut genug zu sein, führen oft zu einer Entzündung des Dickdarms.

**Massage:** Solarplexus 1, Hypophyse 6, Nebenniere 23 (Adrenalinausgleich), Dickdarmbereich 28—32. Abschlussmassage der Lymphbahnen 52.

**Homöopathie:** bei Stuhldrang und den Stuhl nicht halten können – *Aloe C 6.* Menschen, die eine pessimistische Haltung dem Leben gegenüber haben und verbittert sind, hilft *Acidum nitricum C 30. Sulfur jodatum LM 6* gegen Entzündungen und Geschwüre, die durch Verstopfung hervorgerufen werden.

## Drüsenfieber

Problem: Die Drüsen sind mit den Lymphbahnen verbunden.
An diesen Knotenpunkten konzentriert sich die Kraft, etwas
abzuwehren. Drüsenfieber verdeutlicht den inneren Kampf,
der sich nach außen ausdrücken sollte.
Massage: Solarplexus 1, Mandeln 41 und Kopflymphzonen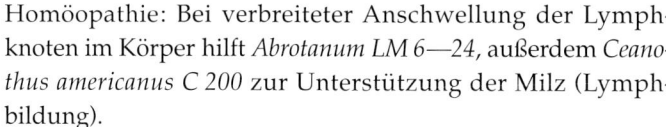
an der Innenseite der Zehen durcharbeiten. Massage der
Lymphpunkte 12, Galle 21 und Leber 22 (Aggression und Ich-
Integration). Lymphbahnen 52 als Abschlussmassage.
Homöopathie: Bei verbreiteter Anschwellung der Lymphknoten im Körper hilft *Abrotanum LM 6—24*, außerdem *Ceanothus americanus C 200* zur Unterstützung der Milz (Lymph-
bildung).

## Durchfall

Massage: Solarplexus 1, Hypophyse 6, Magen Darmtrakt 18—
34. Massage der Lymphbahnen 52.
Homöopathie: *Podophyllum C 6*, wenn der Stuhl gussweise ab-
geht. *Aloe C 6*, wenn die Bauchspeicheldrüse mitbeteiligt ist
(Wechsel von Durchfall zu festem Stuhl).

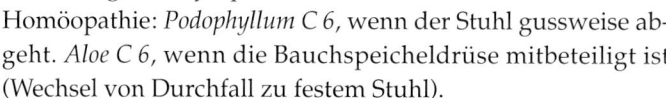

# E

## Eileiterentzündung

Problem: Bei einer Eileiterentzündung ist der körperliche
Kontakt zu dem Partner gestört sowie die Bereitschaft, etwas
Gemeinsames wachsen zu lassen.
Massage: Solarplexus 1, Hypophyse 6, Nebenschilddrüse 8,
Nebenniere 23 (Adrenalin-Fluchthormon), Niere 24 (Partner-
schaftsorgan), Harnleiter 25, Blase 26 (Entgiftung) Eierstöcke
50 der entsprechenden Seite sowie Uterus 38. Den gesamten
Fersenbereich gut durcharbeiten. Abschlussmassage der
Lymphbahnen 52.

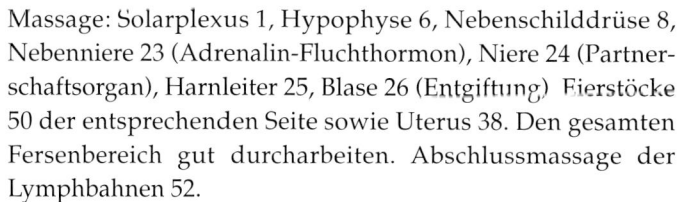

Homöopathie: Fleißige Frauen, die ihre Familie über ihre Bedürfnisse stellen, brauchen *Apis LM 6—24*. Bei einem übermäßig gesteigerten Geschlechtstrieb mit Entzündung hilft *Cantharis C 6*.

### Eierstockbeschwerden, -entzündungen, Zysten

 Massage: Solarplexus 1, Hypophyse 6 (Steuerung der Eierstöcke), Nebenschilddrüse 8, Schilddrüse 16 (steht in enger Verbindung mit den Eierstöcken), den betroffenen Eierstock. Abschlussmassage mit den Lymphbahnen 52.

 Homöopathie: *Palladium C 200* hilft Frauen, die sich als Sündenbock fühlen. Bei Zysten – *Apis C 6*.

### Eisenmangel

 Problem: Den Betroffenen fehlt das kämpferische Potential, sich mit dem Leben auseinanderzusetzen.

 Massage: Solarplexus 1, Hypophyse 6, Nebenniere 23 (Adrenalin) und Milz 33 (rote Pulpa als Blutherstellungsorgan). Abschlussmassage an den Lymphbahnen 52.

 Homöopathie: *Ferrum metallicum C 4* im Wechsel mit *Ceanothus americanus C 30* (Milzstärkung).

### Ekzem

 Problem: Eine verletzte Persönlichkeit wird über die Haut ausgelebt; sie macht sich unberührbar.

 Massage: Solarplexus 1, Hypophyse 6, Massage der Nebenniere 23 (Cortisonproduktion in der Nebennierenrinde). Entgiftung über Niere, Harnleiter und Blase 24—26. Abschlussmassage an den Lymphbahnen 52.

 Homöopathie: *Mezereum C 30* hilft, wenn dem Ekzem ein Rollenkonflikt zwischen Mann und Frau vorausging. *Sarsaparilla C 30* bei Harnwegsinfektionen und Nierenschwäche.

## Eustachische Röhre, entzündete

Problem: Eine Innenohrentzündung verhindert das Zuhören.
Massage: Solarplexus 1, Hypophyse 6, alle Kopflymphzonen
an der Innenseite der Zehen, besonders die Ohrpunkte 10.
Massage der Schläfen 4, Nebenschilddrüse 8, der Nebenniere
23, der Lymphpunkte 11 sowie der Lymphbahnen 52.
Homöopathie: Weinerlichen und anhänglichen Kindern hilft
*Pulsatilla LM 6*; *Silicea LM 6* ist angezeigt, wenn es bereits zur
Vereiterung gekommen ist.

# F

## Fingernägel, brüchige

Problem: Aufbaustörung und Mangel an Calcium.
Massage: Hypophyse 6, Nebenschilddrüse 8, Massage der
Stoffwechselorgane 16, 18—34. Abschlussmassage an den
Lymphpunkten 52.
Homöopathie: *Silicea C 6* und *Calcium C 6* im Wechsel.

## Fettsucht

Problem: Durch eine Fettansammlung wird versucht, die in-
nere Sensibilität nach außen zu schützen.
Massage: Solarplexus 1, Hypophyse 6, Nebenschilddrüse 8,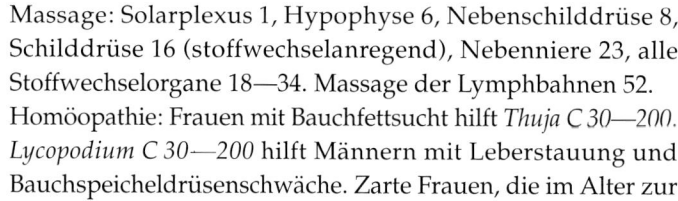
Schilddrüse 16 (stoffwechselanregend), Nebenniere 23, alle
Stoffwechselorgane 18—34. Massage der Lymphbahnen 52.
Homöopathie: Frauen mit Bauchfettsucht hilft *Thuja C 30—200.*
*Lycopodium C 30—200* hilft Männern mit Leberstauung und
Bauchspeicheldrüsenschwäche. Zarte Frauen, die im Alter zur
Fettleibigkeit neigen, haben eine Störung der Niere, Leber und
Bauchspeicheldrüse, die den Fettstoffwechsel verändert. Sie
brauchen *Phosphorus C 200.*

## Fistel

 Massage: Hypophyse 6, Punkt des Organs, an dem sich die Fistel befindet, Nebenniere 23, Leber 22. Als Abschluss: Lymphbahnenmassage 52.

 Homöopathie: *Silicea C 6* bei Eiterung und *Sulfur C 6* zum Ausleiten.

## Frigidität

 Problem: Ablehnung des Partners oder der eigenen Weiblichkeit. Unausgeglichenheit in der Produktion von weiblichen und männlichen Hormonen.

 Massage: Solarplexus 1, Hypophyse 6 (Hormonanregung), Nebenniere 23, Eierstöcke 50 und Gebärmutter 38 (in der Schleimhaut werden geringe Mengen von männlichen Hormonen für die Lust produziert). Harmonisierung über die Wirbelsäule 37 durch verstärkte Massage des Kreuzbeinbereichs und des Energiezentrums, das mit den Sexualorganen in Verbindung steht.

 Homöopathie: *Natrium muriaticum C 200* oder *LM 6—24* hilft bei Scheidentrockenheit und geringem Lustgefühl. *Sepia LM 24* hilft, die Ablehnung gegen den Ehemann oder Freund zu überwinden.

# G

## Gallenblasenentzündung

 Problem: Eine Gallenblasenentzündung steht für unterdrückte Aggressionen oder zuviel Aktivität im Alltag; man gönnt sich keine Ruhepausen.

 Massage: Solarplexus 1, Hypophyse 6, Nebenschilddrüse 8, Schilddrüse 15 (Stoffwechsel), Zwölffingerdarm 19, Gallenblase 21 und Leber 22, Nebenniere 23 (Gallensteine – Verhärtung der Aggression). Lymphbahnenmassage 52 als Abschluss.

Homöopathie: *Chelidonium C 30* regt den Gallensaft an; *Cardus marianus C 4* stärkt Leber und Galle, und *Nux vomica C 6* hilft bei Folgen von Ärger und Stress.

## Gebärmutterentzündung, -blutungen, Myome

Problem: Konflikt mit dem Partner. Myome bilden sich häufig nach einer Abtreibung.
Massage: Solarplexus 1, Hypophyse 6, Nebenniere 23, Niere, Harnleiter und Blase 24—26, Eierstöcke 50 (Hormonregulierung), Gebärmutter 38. Lymphbahnenmassage 52 als Abschluss.
Homöopathie: *Hydrastis* ist ein Präcancerosemittel (im  Vorkrebsstadium) bei Geschwüren. *China C 200* hilft bei starkem Blutverlust und Anämie. *Aurum muraticum natronatum C 6* ist ein sehr gutes Mittel bei Myomen.

## Gefäßverengung

Problem: Eine Verengung oder Sklerotisierung der Gefäße deutet auch auf eine geistige Unflexibilität und Verhärtung hin, die häufig im Alter auftritt.
Massage: Solarplexus 1, Massage des Organs, in dem die  Verengung sitzt, Nebenschilddrüse 8, Niere, Harnleiter und Blase 24—26. Abschlussmassage der Lymphbahnen 52.
Homöopathie: *Arnica C 4 Aurum met.* bei Herzklopfen, *Cuprum*  *met C 4* bei veränderten Herzkranzgefäßen und Krämpfen.

## Gelbsucht

Problem: Entzündung der Leber, ausgelöst durch unterdrückten Ärger und nicht erfüllten Machtanspruch; dadurch kann  es zu einer Identitätskrise kommen.
Massage: Solarplexus 1, Hypophyse 6, Zwölffingerdarm 19,  Bauchspeicheldrüse 20, Gallenblase 21 (Fettverdauung – Ekel vor fetten Speisen ), Leber 22 (Ärger und Identitätskonflikt), Nebenniere 23 (Adrenalinausgleich), Lymphbahnen 52.

Homöopathie: *Lycopodium C 30*, wenn der Betroffene mit chronischer Gelbsucht sich nicht traut, seinen Machtanspruch gegen die eigene Mutter durchzusetzen. Wird dem Betroffenen sein Platz in den eigenen vier Wänden steitig gemacht – *Bryonia C 30*.

## Gelenkentzündung

 Problem: Es ist eine Richtungsänderung im Leben erforderlich. Massage: Solarplexus 1, Massage des Gelenks, z. B. Schultergelenk 11 oder Knie 35. Massage der Nebenschilddrüse 8, Nebenniere 23, Nieren, Harnleiter und Blase 24—26, Wirbelsäule 37. Abschlussmassage an den Lymphbahnen 52.

 Homöopathie: Bei einer Entzündung mit Wasseransammlung ist *Apis C 6* im Wechsel mit *Sulfur jodatum C 6* zum Resorbieren hilfreich. Bei rheumatischer Veranlagung und Gelenkentzündung in Folge von nasskaltem Wetter hat sich *Rhus tox C 6* bewährt.

## Gerstenkorn

 Problem: Unterdrückte Gefühle. Der Betroffene fühlt sich überfahren und nicht gesehen.
Massage: Solarplexus 1, alle Kopfzonen 2—7, dabei alle Innenseiten der Zehen gut durcharbeiten, Massage des entsprechenden Auges 9. Abschlussmassage der Lymphpunkte 52.
 Homöopathie: *Staphisagria C 30*.

## Geschmacksempfinden, gestörtes

 Problem: Die Zunge ist der »Botschafter« des Magens und der Leber. Ist diese Verbindung gestört, hat der Mensch seinen Zugang zum Genuss verloren.
Massage: alle Kopfzonen 2—7, Hypophyse 6, Rachenraum und Mandeln 41, Ober- und Unterkiefer 42—43, Lymphbahnen 52.
Homöopathie: Oftmals ist die Bauchspeicheldrüse in Verbin-

dung mit einem Brennen auf der Zunge am Geschmacksverlust beteiligt, dann sind *Phosphorus C 200* und *Lycopodium C 30* hilfreich.

## Gicht

Problem: Übersäuerung des Gewebes – Sauersein auf das Leben. Charakteristisch sind Ungeduld und Wut, verbunden mit einem herrischen Wesen.
Massage: Solarplexus 1, Zwölffingerdarm 19, Bauchspeichel-drüse 20 (Insulinproduktion und Stoffwechsel), Galle- und Leberpunkte 21—22 (Ärger in der Familie), Nebenniere 23 (Adrenalinausgleich), Niere, Harnleiter und Blase 24—26. Es ist sinnvoll, den gesamten Darmtrakt 28—34 zu massieren. Abschlussmassage an den Lymphbahnen 52.
Homöopathie: Ein Mensch, der immer wieder die gleichen Fehler macht (verdeckter Alkoholiker) braucht *Ledum C 1000.* *Acidum benzoicum C 30* hilft bei einem übersäuerten Organis-mus (zuviel tierisches Eiweiß). *Sarsaparilla LM 6—24* hilft Frauen, die aufgrund ihrer kranken Nieren Gicht bekommen haben.

## Gleichgewichtsstörungen

Problem: Die Suche, mit dem Inneren wieder ins Gleichgewicht zu kommen.
Massage: Gleichgewichtsorgan 45, alle Kopfzonen 2—7. Es empfiehlt sich, breite Schuhe zu tragen.

## Grauer Star

Problem: Stoffwechselstörung. Mangelhafte Versorgung der Linse; tritt häufig in Verbindung mit Diabetes auf.
Massage: alle Kopflymphzonen an der Innenseite der Zehen gut durcharbeiten, besonders die Augenpunkte 9. Massage der Bauchspeicheldrüse 20, Nebenniere 23, Niere, Harnleiter und Blase 24—26. Lymphbahnenabschlussmassage 52.

Homöopathie: *Spigelia LM 6* hilft bei einem schwachen Herzen. Bei einer Schilddrüsenbeteiligung ist *Spongia tosta C 30* (der jodhaltige Schwamm) ein Mittel gegen Glaukom. *Phosphor C 30* hilft, wenn die Schilddrüse und die Bauchspeicheldrüse geschwächt sind.

## Grippe

 Problem: Grippe entwickelt sich auf dem Boden von Kälte und Nässe. Grippekranke Menschen verbindet kollektive negative Erwartungen in bezug auf das Kommende. Der Ausbruch der Infektion wird durch Befürchtungen unterstützt: (»*Ich bekomme bestimmt auch die Grippe*«).

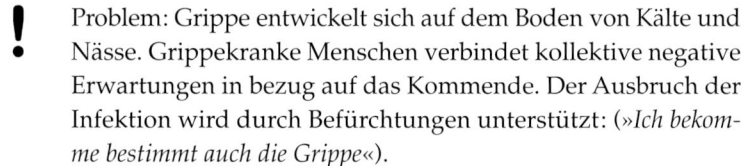 Massage: Solarplexus 1, Oberkopf und Stirnhöhlen 2, Nase, Stirn 3, Schläfenseite 4 (Trigeminus), Mandeln und Rachenraum 41 (Oberseite des großen Zehs), Milz 33 (Lymphsystem), Wirbelsäule 37, Lymphbahnen 52.

 Homöopathie: Bei Unterkühlung und Durchnässung hilft *Rhus tox C 6*.

## Gürtelrose – Herpes Zoster

 Problem: Die Gürtelrose kann durch eine Auseinandersetzung und Beschimpfungen ausgelöst werden. Die Haut reagiert mit tiefgehenden Entzündungen und schmerzhaften Geschwüren. Die Gürtelrose ist eine Reaktivierung des Herpesvirus mit der Erstinfektion über Windpocken und einer daraus resultierenden zeitweisen Immunität.

Massage: Solarplexus 1, Hypophyse 6, Nebenschilddrüse 8, Nebenniere 23, Niere, Harnleiter und Blase 24—26. Eine Lymphbahnenmassage 52 harmonisiert und vollendet die Behandlung.

 Homöopathie: Ist die Gürtelrose nach einem Streit mit dem Ehepartner entstanden, empfiehlt sich *Mezereum LM 24*, wenn die Entzündung sich mehr innerlich im Brustbereich befindet. *Kalmia latifolio LM 24* bei einem rechtsseitigen Gesichtsausschlag und starken neuralgischen Schmerzen. Ein Mensch, der unter verhärteten Gefühlen leidet und einen geschwürartigen, hartnäckigen Krankheitsverlauf mit Brennen und Jucken hat, braucht *Petroleum C 30*. *Zincum metallicum LM 24* heilt, wenn der Virus sich am zentralen und peripheren Nervensystem festgesetzt hat und Neuralgie und Unruhe vorherrschen.

# H

## Haarausfall

Problem: Angst und Spannung werden über die Kopfhaut festgehalten (Unterversorgung der Haarwuzeln) und versucht, alles unter Kontolle zu halten. Haarausfall am Hinterkopf – Verzehr von zuviel tierischem Eiweiß.
Massage: Solarplexus 1, Hypophyse 6, Schilddrüse 16, alle Stoffwechselorgane 18—34, Keimdrüsen oder Eierstöcke 50, Lymphbahnenmassage 52.

## Hallux vagus

Problem: Ein vergrößerter Ballen verkörpert den Willensaspekt und den Widerstand gegenüber einer Autorität, besonders gegenüber dem Vater.
Massage: Solarplexus 1, Hypophyse 6, Nacken 7, Schilddrüse 16, Wirbelsäule 37. Massage des Kehlkopfes und der Speiseröhre 46 auf dem Fußrücken, verläuft zwischen dem großen und dem zweiten Zeh in einem Grübchen zwischen dem 1. und 2. Mittelfußknochen. Lymphbahnenmassage 52.
Homöopathie: *Hekla lava C 1000* (Lavaerde) hilft bei Knochenauswüchsen, wenn der Betroffene innerlich kocht.

## Hämorrhoiden

Problem: Äußere Hämorrhoiden werden durch Druck, Anspannung und die Angst loszulassen ausgelöst.
Massage: Nebenniere 23, Niere, Harnleiter und Blase 24—26. Rektum am Fuß 32.

Bei inneren Hämorrhoiden: Nebenniere 23, Niere, Harnleiter und Blase 24—26, Mastdarmpunkt 40, Lymphbahnenmassage 52.

 Homöopathie: Durch Verstopfung hervorgerufene Hämorrhoiden heilt *Graphites C 30* und *Ferrum metallicum C 6*. *Carbo vegetabilis LM 6* hilft bei übelriechenden Blähungen, *Aesculus C 6* bei starken Schmerzen im unteren Rücken, wenn die Hämorrhoiden blaurot sind und nicht bluten.

## Harndrang

 Problem: Die Blase gehört zum Wasserelement und ist betroffen bei Angstgefühlen. In einer stressaktiven Phase wird die Ausscheidung von wasserklarem Urin bewirkt.

 Massage: Solarplexus 1, Nebenniere 23 (Adrenalin), Niere, Harnleiter und Blase 24—26. Druck auf die Blase bei Senkung der Gebärmutter 50, Lymphbahnenmassage 52.

Homöopathie: *Aloe C 200*, wenn der Harn kaum gehalten werden kann. Frauen, die Männer nicht ernstnehmen und gleichzeitig vor ihnen Angst haben, hilft *Copaiva C 200*. Ihre Blasenentleerung ist plötzlich, sie können den Urin kaum halten.

## Harnleiterentzündung

 Problem: Der Betroffene ist sauer auf das andere Geschlecht. Greift die Entzündung auf die Blase über, besteht die Angst, den Partner lozulassen.

 Massage: Solarplexus 1, Nebenniere 23, Niere und Harnleiter und Blase 24—26, Lymphbahnenmassage 52.

 Homöopathie: *Cantharis C 6*, wenn der Betroffene seine Gefühle unterdrückt und einen blutig-schleimigen, brennenden Ausfluss hat. *Medorrhinum C 200* heilt chronischen Tripper. *Thuja C 30* hilft bei gelb-grünem schmerzlosen Ausfluss. *Hydrastis C 30* ist das Mittel bei eitrigem, zähen Ausfluss.

## Heiserkeit

Problem: Der Betroffene hält sich mit dem, was er sagen möchte, zurück; er kann seiner Stimme keinen Ausdruck verleihen.
Massage: Solarplexus 1, Nasen-Rachenraum und Mandeln 41, Speiseröhre mit Kehlkopf 46, Lymphbahnen 52.
Homöopathie: Bei Überanstrengung der Stimmbänder hilft *Alumina LM 6*. Bleibt die Stimme völlig weg, hat sich *Phosphorus LM 6—24* bewährt.

## Hepatitis (siehe Gelbsucht)

## Herzbeschwerden

Problem: Starker Selbstschutz bis hin zur Verpanzerung. Etwas wird nicht verdaut, es bilden sich viele Gase, die das Zwerchfell nach oben drücken und die Herzspitze anheben.
Massage: Solarplexus 1 (sympathisches Nervensystem), Hypophyse 6 (Hormonausgleich), Magen 18, Nebenniere 23 (Adrenalin). Massage von Herz 17 und Herzbezugszone 47, Wirbelsäule 37, insbesondere Brustwirbelsäule, Lymphbahnenmassage 52.
Homöopathie: Wenn zu den Herzbeschwerden Depressionen kommen, hilft *Aurum metallicum* aber auch *Aurum mur LM 6*.
Zur Herzstärkung sind *Arnica C 6*, *Cactus C 4* und *Convalaria C 4* hilfreich. Lachesis hilft redseligen Männern und Frauen mit wenig Selbstwertgefühl.

## Heuschnupfen

Problem: Wer allergisch auf das Blühen von Gräsern (auf das »blühende Leben«) reagiert, traut sich nicht, sich zu entfalten und selbst zu »blühen«.
Massage: Solarplexus 1, Nase und Stirn 3, Hypophyse 6 (Hormonregulierung), Nebenschilddrüse 8 (Calciumstoffwechsel), Nebenniere 23 (Cortison). Massage der Luftröhre und Bronchien 15, Lymphbahnenmassage 52.

Homöopathie: Wenn das Leben zum Heulen ist, hilft *Allium cepa C 30*. Ab Dezember monatlich einmal *Histamincum C 10000* zur Vorbeugung einnehmen. Der Betroffene sollte Honig aus seiner Gegend essen.

## Hexenschuss

 Problem: Versteifung im Lendenwirbelbereich; der Betroffene verspürt Angst und Ablehnung. Er wagt es nicht, vorwärts zu gehen.

 Massage: Solarplexus 1, Hypophyse 6 und Nacken 7, Wirbelsäule 37, besonders die Lendenwirbelsäule, wo die Gefühle festgehalten werden. Ein leichtes Ziehen an den Füßen bringt Erleichterung und dehnt die Hinterseite der Beine bis zum Gesäß. Zum Abschluss sollte eine angenehme Lymphbahnenmassage 52 durchgeführt werden.

Homöopathie: *Nux vomica C 6* hilft, wenn der Hexenschuss durch Ärger und Stress ausgelöst worden ist. *Phytolacca C 30* hilft bei Nässe, *Rhus tox C 6* bei Unterkühlung und Durchnässung. Wenn der Betroffene glaubt, dass er immer Druck von oben bekommt, hilft ihm *Agaricus C 200* und *C 6*.

## Hitzewallungen (Klimakterium)

 Problem: Hitzewallungen entstehen, wenn die Kraft aus dem Becken in den Kopf aufsteigt. Diese Kraft will eine Vergeistigung im Alter bewirken. Sie verpufft meist ungenutzt, weil Widerstand gegen das Altern besteht.

Massage: Solarplexus 1, Kleinhirn 5, Hypophyse 6 und Schilddrüse 16. Wirbelsäule 37, Gebärmutter 38 und Eierstöcke 50. Abschlussmassage an den Lymphbahnen 52.

 Homöopathie: In der Zeit des Klimakteriums werden die Drüsen wirksam von *Sepia C 200* unterstützt.

## Hörprobleme

Problem: Etwas nicht mehr hören können oder wollen.
Massage: Oberkopf 2, alle Kopflymphzonen an der Innenseite der Zehen, Ohrpunkte 10, Wirbelsäule 37. Lymphbahnenmassage 52.
Homöopathie: *Phosphorus C 30* und *China sulf. C 6* bei Ohrensausen.

## Hüftgelenkschmerzen

Problem: Die Sklerotisierung des Hüftknochens wird oftmals durch einen Zusammenbruch des Selbstwertgefühls mit der Angst vorwärtszugehen, ausgelöst. Dieses Symptom tritt häufig im Alter auf.
Massage: Solarplexus 1, Schultergelenk 11, Wirbelsäule 37, Hüftpunkte 51, Lymphbahnen 52.
Homöopathie: *Colocynthis C 30* bei gichtischer Entzündung. *Kalium carbonicum C 200*, wenn der Betroffene das Gefühl von Abhängigkeit hat, starke Stiche verspürt und hinkt. Frauen empfehle ich häufig *Pulsatilla C 200* und *1000*.

## Husten

Problem: Husten ist nicht nur eine Begleiterscheinung bei entzündeten Bronchien. Er kann auch vom Herzen, von der Schilddrüse, dem Darm oder durch Flüssigkeitsverlust ausgelöst werden. Auf der psychischen Ebene handelt es sich um unterdrückte Aggressionen – »Ich werde dir was husten«.
Massage: Solarplexus 1, Nebenschilddrüse 8, Lymphdrüsen 12, Lunge und Bronchien 14—15, Nebenniere 23 (Adrenalin und Cortison), Lymphbahnenmassage 52.
Homöopathie: *Phosphorus C 30*, wenn die Erkältung in die Bronchien hinunterzieht. *Belladonna C 30*, bei bellendem Husten und für Kinder mit Fieber. Verliert der Betroffene beim Husten ein paar Tröpfchen Harn – *Causticum C 30*. Wenn das Rippenfell betroffen ist – *Bryonia C 30*.

# I

*Ikterus* (siehe Gelbsucht)

## Impotenz

Problem: Etwas in seinem Leben »kastriert« den Betroffenen.
Massage: Solarplexus 1 (sympathisches Nervensystem), Hypophyse 6, Schilddrüse 16, Wirbelsäule 37, Keimdrüsen 50.
Lymphbahnenmassage 52.

Homöopathie: *Lycopodium LM* 6—24 hilft Männern, die sich bei Frauen nicht trauen. Hat der Betroffene seine Sexualität verdrängt und braucht Zeit und Vertrauen – *Agnus castus LM* 6—24. *Acidum phosphoricum LM* 24 hilft bei Impotenz infolge von Liebeskummer; *Kalium bromatum C* 200 bei emotionalem und physischem Mißbrauch in der Kindheit.

## Ischias

Problem: Der Betroffene hat oftmals Angst vor der Zukunft, was die hintere Seite seiner Beine fast lähmt.
Massage: Solarplexus 1, Nebenniere 23 (Cortison), Niere, Harnleiter und Blase 24—26, Wirbelsäule 37, Ischiaspunkt 36, der sich bei Entzündung etwas erhöht anfühlt und bei Druck unter dem Daumen wegrutscht. Lymphbahnenmassage 52.

Homöopathie: Bei nächtlicher Verschlimmerung mit Brennen, Schießen und Reißen im Rücken hilft häufig *Arsenicum album C* 30. Verspürt der Betroffene den Schmerz eher rechts und kann nicht auf dieser Seite liegen – *Lycopodium C* 30. *Iris C* 30 heilt, wenn die linke Seite mit plötzlich schießenden Schmerzen besonders betroffen ist. Tritt der Ischiasschmerz beim Wetterwechsel auf, und schmerzt die anfängliche Bewegung, die aber bei fortgesetzter Bewegung abnimmt – *Rhus tox C* 6.

# K

## Knieverletzungen – Arthrose

Problem: Arthrose ist die Nekrotisierung des Gelenkknorpels bis hin zur Gelenkpfanne. Tritt häufig auf, wenn die Geborgenheit gefehlt hat (z. B. im Elternhaus).
Massage: Solarplexus 1, Nebenschilddrüse 8 (Calciumstoffwechsel), Knie 35.
Bei Arthrose: Solarplexus 1, Nebenschilddrüse 8, Schilddrüse (Stoffwechsel), Nebenniere 23 (Cortison), Niere, Harnleiter und Blase 24—26,Wirbelsäule 37 und Lymphbahnenmassage 52.
Homöopathie: *Rhus tox C 6* im Wechsel mit *Arnica C 6* deckt viele Fälle ab.

## Kollaps

Problem: Konflikt zwischen Denken und Empfinden. Kann verstärkt durch hormonelle Störungen kurz vor oder während der Periode ausgelöst werden.
Massage: Sofort Massage Herz 17 und Nebenniere 23, Solarplexus 1. Alle Kopfzonen von 2—7, dabei gründlich die  Zehen durcharbeiten, besonders die Hypophyse 6 und die Innenseiten der Zehen mit den Kopflymphbahnen, dann Nacken 7 (Unterversorgung mit Sauerstoff und Blut durch Einengung), Nebenschilddrüse 8 und Schilddrüse 16, Bauchspeicheldrüse 20, Gallen- und Leberpunkte 21—22 sowie Wirbelsäule 37, Gebärmutter 38 und Massage der Eierstöcke oder Keimdrüsen 50, Lymphbahnenmassage 52.
Homöopathie: Bei Kollaps hilft *Veratrum album C 30*. Besonders Frauen hilft auch *Sepia C 200*.

## Kopfschmerzen

Massage: Wird der Kopfschmerz durch die Verdauung mit Vergiftungserscheinungen verursacht, liegen die Hauptbehandlungspunkte im Magen, Darmtrakt 18—34, Lymphbahnenmassage 52 (Migräne siehe S. 104).

Homöopathie: Die Leber wird entgiftet mit *Nux vomica C 6*, *Magnesium muriaticum LM 6* oder *Lycopodium LM 6*. *Calcium phosphoricum C 6* für Kinder mit Schulkopfschmerz.

## Krampfadern

 Problem: Fehlende Elastizität der Gefäße. Der Betroffene ist träge und den materiellen Dingen sehr zugewandt.

 Massage: Solarplexus 1, Hirnstamm 5 und Hypophyse 6, Nebenniere 23, Niere, Harnleiter und Blase 24—26, Wirbelsäule 37. Abschlussmassage an den Lymphbahnen 52.

 Homöopathie: *Hamamelis C 6* und *Pulsatilla C 30* helfen in vielen Fällen.

## Krämpfe in den Waden

 Problem: Magnesiummangel (Nervenstoffwechsel) oder Kupfermangel (verminderte Leitfähigkeit der Nerven).

 Massage: Solarplexus 1, Hypophyse 6, Nebenschilddrüse 8, Nebenniere 23, Niere, Harnleiter und Blase 24—26 und Wirbelsäule 37. Abschließende Lymphbahnenmassage 52.

 Homöopathie: *Cuprum arsenicosum C 6* hilft bei Muskelkrämpfen. *Magnesium carbonicum C 6* hilft bei einer nervlichen Überanstrengung, die mit Krämpfen verbunden ist.

## Krebs

 Problem: Tiefer Kummer, unverarbeitete Verletzungen und langwährende Konflikte; Versuch einer Lösung auf der Körperebene. Der Betroffene ist harmoniesüchtig und gibt seine eigene Individualität auf, weil er die Unterschiede zwischen sich und seiner Umgebung nicht miteinander vereinbaren kann. Suche nach der eigenen inneren Mitte.

 Massage: Solarplexus 1; verstärkte Aufmerksamkeit ist allen Drüsen zu widmen, insbesondere der Hypophyse 6 (Regulierung der Hormone), Lymphknoten 12, Schilddrüse 16, Bauchspeicheldrüse 20, Leber und Galle 21—22 sowie Neben-

niere 23 (unterdrückte Aggression) und Milz 33 (Blut und Lymphe). Massage des betreffenden Organs, Wirbelsäule 37 und lange Abschlussmassage der Lymphbahnen zur Harmonisierung.
Homöopathie: *Carcenosinum C 200* in verschiedenen Potenzen und eventuell organbezogen oder *Carc. colon.* Neubeginn und Umkehr im Leben. Körper entsäuern, keinen Kaffee trinken und viel Gemüse und Obst essen.

## Kreislaufstörungen

Problem: Dem Betroffenen wird schwarz vor Augen, und er verspürt Schwindel.
Massage: Solarplexus 1, Hypophyse 6, Nebenschilddrüse 8, Herz 17, Nebenniere 23, Niere (Renin zur Blutdruckregulierung), Niere, Harnleiter und Blase 24—26 sowie Gleichgewichtsorgan 45 und Lymphbahnenmassage 52.
Homöopathie: *Adonis vernalis C 6* und *Camphora C 4*. Kreislaufstörungen können durch körperliche Aktivitäten wie Wandern und Gymnastik behoben werden.

## Kropf (Vergrößerung der Schilddrüse)

Problem: Die Ursache einer Kropfbildung ist Jodmangel. Die Vergrößerung kann sowohl bei Über- als auch bei Unterfunktion der Schilddrüse eintreten und ist mit großen Stimmungsschwankungen des Betroffenen verbunden. Quecksilberbelastung durch Amalgam kann möglicherweise zur Knotenbildung in der Schilddrüse führen.
Massage: Solarplexus 1, Hypophyse 6 (Steuerung), Nebenschilddrüse 8, Schilddrüse 16, Herz 17 (Herzrasen durch Schilddrüsenfehlfunktion). Wirbelsäule 37 zur Harmonisierung des gesamten Organismus, Lymphbahnenmassage 52.
Homöopathie: *Thyriodeum C 12* unterstützt die Schilddrüse, außerdem ist *Spongia C 30*, der jodhaltige Schwamm, hilfreich. *Phosphorus LM 6—24* hilft bei Schilddrüsenunterfunktion und Kropfbildung.

## Knochenbrüche

 Massage: Hypophyse 6, Nebenschilddrüse 8 (Calciumstoffwechsel), Niere, Harnleiter und Blase 24—26 stehen laut der chinesischen Elementenlehre in Verbindung mit Knochenbildung. Die dem Bruch entsprechende Zone massieren. Lymphbahnenmassage 52.

 Homöopathie: *Arnica C 6* bei Schreck oder Schock, danach *Calcium phosphoricum C 6* und *Symphytum C 6*. Im Magen-Darmtrakt für genügend Aufbaustoffe sorgen.

## Kurzsichtigkeit

 Problem: Nicht sehen, was vor einem liegt.

 Massage: Solarplexus 1, Hypophyse 6, Augen 10, Galle 21 und Leber 22 (stehen laut der chinesischen Elementenlehre im Zusammenhang mit den Augen). Lymphbahnenmassage 52.

 Homöopathie: *Cyclamen C 30*.

# L

## Leberstörung

 Problem: Meist geht der Störung ein Streit über Geld oder das eigene Wertesystem im Familienkreis voraus, dem eine Identitätskrise des Bertoffenen mit unterdrücktem Zorn folgt.

 Massage: Solarplexus 1, Hypophyse 6, Magen und Zwölffingerdarm 18—19 (den Brocken verdauen), Gallenblase 21 (Aggression, Aktivität), Leber 22 (Persönlichkeitsintegration). Nebenniere 23 (Adrenalin) Wirbelsäule 37 (zur Harmonisierung und Stabilisierung) und Lymphbahnenmassage 52.

 Homöopathie: *Carduus C 6* stärkt die Leber; *Magnesium carbonicum* und *Magnesium muriaticum C4* sind ebenfalls gut für die Leber.

## Leistenbruch

Massage: Solarplexus 1, Magen 18, Bauchspeicheldrüse 20 sowie Milz 33, Darmtrakt 28—34, Leiste 44 und die Massage der
Lymphbahnen 52.
Homöopathie: *Arnica C 6, Cocculus C 6. Lycopodium C 6—30*
kann, rechtzeitig gegeben, Leistenbruch verhindern.

## Leukämie

Problem: Ein Zusammenbruch des Selbstwertgefühls geht dem
Betroffenen bis ins Mark der Knochen; Zerfall der eigenen
Identität bis hin zur Zerstörung des eigenen Lebens.
Massage: Solarplexus 1, Hypophyse 6 und Nacken 7 sowie
Nebenniere 23 (Adrenalin und Cortison), Niere, Harnleiter und
Blase 24—26, Milz 33 (Blut- und Lympheproduzent),
Wirbelsäule 37, Lymphbahnenmassage 52.
Homöopathie: *Ferrum phosphoricum* und *Cuprum metallicum LM*
*6—24* im Wechsel.

## Lungenentzündung

Problem: Der Betroffene kann sich der Fülle des Leben nicht
ganz hingeben; er hat eine emotionale Wunde.
Massage: Solarplexus 1, Hypophyse 6, Nebenschilddrüse 8,
Lunge und Bronchien 14, Bronchialröhre 15, Nebenniere 23.
Lunge und Dickdarm sind dem Gefühl der Traurigkeit zugeordnet, deshalb den Magen-Darmtrakt 18—34 gründlich bear-
beiten, Lymphbahnen 52.
Homöopathie: *Kalium carbonicum C 30* bei linksseitiger
Lungenbeteiligung. *Lycopodium C 30* wird gebraucht, wenn
beim Atmen die Nasenflügel zittern und der Betroffene dabei
die Stirn runzelt.

### Lymphstau

 Problem: Stauung des Abwehrsystems, es kann sich der Umstände nicht erwehren. Der Betroffene muss lernen, sich auf die wesentlichen Dinge zu konzentrieren, so dass sein Leben in Fluss kommt. Meist sind Milz, Bauchspeicheldrüse (Assimilierung von Fremdeinflüssen) und Niere (Element Wasser/Gefühl) betroffen.

 Massage: Solarplexus 1, Hypophyse 6, Magen 18, Bauchspeicheldrüse 20, Nebenniere 23 sowie Niere, Harnleiter und Blase 24—26, Darmtrakt 28—34, wobei der Milz 33 als Lympheproduzent besondere Aufmerksamkeit geschenkt wird. Lymphbahnenmassage 52.

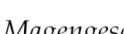 Homöopathie: *Ceanothus americanos C 200* zur Unterstützung der Milz.

## M

### Magengeschwür

 Problem: Einen »Brocken« im Leben nicht verdauen können.

Massage: Solarplexus 1, Hypophyse 6, Magen 18, Bauchspeicheldrüse 20 und Milz 33 (alle sind dem Element Erde zugeordnet und helfen, äußere Einflüsse zu assimilieren). Nebenniere 23 (Cortison, entzündungshemmend), Niere, Harnleiter und Blase 24—26 (Wasserelement/Angst, dem Erdelement untergeordnet), Darmtrakt 28—34 (Ausscheidung), Lymphbahnenmassage 52.

 Homöopathie: *Nux vomica C 6* bei Magengeschwür durch Ärger und Stress. *Ornithogallum C 4*, wenn das Duodenum und der Darm in Mitleidenschaft gezogen sind.

### Magersucht

Problem: Konflikt, den Vater nicht zu achten oder nicht achten zu dürfen (Scheidungskind). Die eigene Weiblichkeit wird abgelehnt.

Massage: Solarplexus 1, Hypophyse 6 (Hormonregulierung), Schilddrüse 16, Galle und Leber 21—22, Magen-Darmtrakt 18—34, insbesondere Milz 33 (Mütterlichkeit und Geborgenheit). Gebärmutter 38 und Eierstöcke 50 anregen, und die Fersen beruhigend in der Handinnenfläche halten. Lymphmassage 52 zum Abschluss.
Homöopathie: Konstitutionell behandeln, die Betroffene braucht oft *Sepia C 200*.

## Mastdarmentzündung

Problem: Viele Lebensprozesse sind ins Unbewusste verdrängt und entladen sich dort über eine Entzündung.
Massage: Solarplexus 1, Hypophyse 6, Nebenniere 23 (Cortison).  Massage aller Verdauungs- und Stoffwechselorgane 18—34, insbesondere Mastdarm 32 und 40 (an beiden Beinen innen in der Wadenmuskulatur), Lymphbahnenmassage 52.
Homöopathie: *Podophyllum LM 6—24*, auch bei chronischer  Dickdarmentzündung.

## Meniskusschäden

Massage: Solarplexus 1, Kniereflex 35 und Ellenbogen 49  (beide Punkte korrespondieren miteinander).
Homöopathie: *Ruta C 6* und *Argentum metallicum C 4* zur  Knorpelbildung.

## Menstruationsbeschwerden

Problem: Die Gebärmutter, in der Leben und Kreativität entstehen, krampft. Entweder bildet sie zuviel Blutgewebe und blutet sich fast aus oder zu wenig Blutgewebe und schafft keine Grundlage für die Entstehung neuen Lebens.
Massage: Solarplexus 1, Hypophyse 6, Schilddrüse 16 steht in enger Verbindung mit den Eierstöcken 50. Massage der Wadenmuskulatur außen an beiden Beinen, Gebärmutterpunkt 38, Lymphbahnenmassage 52.

Homöopathie: Bei Bauchkrämpfen *Cuprum metallicum C 6.* Ängstlichen Frauen hilft *Psorinum C 200—1000.*

## Migräne

 Problem: Emotionales Chaos, meist verbunden mit sexuellen Ängsten.

 Massage: Solarplexus 1, Kopfpunkte 2—10, besonders die Innenseite der Zehen mit den Kopflymphbahnen, Magen-Darmtrakt mit allen Stoffwechselorganen 18—34. Bei hormonellen Störungen Massage der Eierstöcke 50 und der Gebärmutter 38, Gleichgewichtsorgan 45, zur Harmonisierung Lymphbahnenmassage 52.

 Homöopathie: *Iris C 200* bei linksseitiger Migräne. *Calcium carbonicum C 200* bei Kopfschmerzen, die sich durch Licht und während der Menstruation verstärken.

## Mittelohrentzündung

 Problem: Der Mittelohrentzündung geht ein Hörkonflikt voraus (ein Kind wird z. B. von einem Erwachsenen getadelt).

 Massage: Solarplexus 1, Hypophyse 6, Ohr 10, Massage der Lymphdrüsen 12, Nebenschilddrüse 8, Niere (Ohr und Niere gehören zum Element Wasser und unterstützen sich gegenseitig im Heilungsprozess), Harnleiter und Blase 24—26 (Angst). Lymphbahnenmassage 52.

 Homöopathie: *Pulsatilla C 30* ist ein bewährtes Mittel bei Kindern. Wenn das Ohr eitert, ist *Silicea C 6* das geeignete Mittel.

## Morbus Scheuermann

 Problem: Sklerotisierung der Wirbelsäule, meist bei harten, unbeugsamen Charakteren, die durch ihre Wirbelsäule gebeugt werden. Stolze, aber vom Leben enttäuschte Menschen, die ein Urvertrauen entwickeln müssen, um sich flexibel dem Lebensprozess stellen zu können.

Massage: Solarplexus 1, Hypophyse 6, Nebenschilddrüse 8  (Calcium), Nebenniere 23 (Cortison), Niere, Harnleiter und Blase 24—26 (ebenso wie die Knochenbildung dem Element Wasser zugeordnet), alle Stoffwechselorgane 18—34, Wirbelsäule 37, Lymphbahnenmassage 52.

Homöopathie: *Phosphorus C 30* und *Silicea C 30* im Wechsel.  *Calcium phosphoricum C 200* bei einer Schwäche der Halswirbelsäule.

## Multiple Sklerose

Problem: Sklerotisierung der Markscheide einer Nervenzelle  des vegetativen Nervensystems. Das Nervensystem hat eine vermittelnde Funktion zwischen Erleben und körperlicher Reaktion, die durch die Sklerotisierung gestört wird, es kommt zum motorischen Ausfall in Armen und Beinen sowie zu einer Blasenmuskelschwäche. Die Verhärtung im Innenkern der Nervenzelle spiegelt die geistige Härte wider, die der Betroffene gegen sich selbst richtet.

Massage: Solarplexus 1, Oberkopf 2 und Hirnstamm 5, Hypophyse 6, Nebenschilddrüse 8, Schultergelenk 11, alle Stoffwechselorgane 18—34, insbesondere Nebenniere 23 (Cortison), Massage der Lymphbahnen 52.

Homöopathie: Ein gutes Mittel ist *Causticum C 200* und *C 1000*,  es stärkt die Blase und das zentrale Nervensystem.

## Mumps

Problem: Schwellung der Ohr- und der Bauchspeicheldrüse;  bei Jungen sind die Keimdrüsen mitbetroffen.

Massage: Solarplexus 1, Hypophyse 6, Nacken 7 und Lymphknoten 12 sowie Schilddrüse 16, steht in enger Verbindung mit Eierstöcken und Keimdrüsen 50, Bauchspeicheldrüse 20, Mandeln-Nasen-Rachenraum 41, Lymphbahnenmassage 52.

Homöopathie: *Phosphorus C 30* stärkt die Ohr- und die Bauch-  speicheldrüse.

## Mundgeruch

**Problem:** Mit dem Magen oder den Zähnen stimmt etwas nicht. Dem Betroffenen fehlt die Fähigkeit, sich mit seinen Konflikten auseinanderzusetzen und sie zu »verdauen«.

**Massage:** Solarplexus 1 (Harmonisierung des vegetativen Nervensystems), Magen-Darmtrakt 18—34, Lymphbahnenmassage 52.

**Homöopathie:** *Acidum nitricum LM 6; Capsicum C 6* bei schlechtem Atem. Bei Mundgeruch aufgrund einer Mandelentzündung – *Mercurius solubilis C 30*.

## Muskelschwund

**Problem:** Verlust von Kraft und Vitalität. Die Muskeln sind mit der Galle und der Leber in der chinesischen Medizin dem Element Holz zugeordnet. Wenn Ärger und Zorn unterdrückt werden, verursacht Übersäuerung körperliche Schwäche. Im Extremfall löst sich der Muskel auf.

**Massage:** Solarplexus 1, Hypophyse 6, Nebenschilddrüse 8 (Mineralstoffwechsel), Schwerpunkt Galle 21 und Leber 22, Nebenniere 23 (Adrenalin, vorwärtsstrebend). Massage der Stoffwechselorgane 18—20 und 28—34, Lymphbahnenmassage 52.

**Homöopathie:** *Arsenicum album LM 6* bei Abmagerung, *Causticum C 30* hält den Muskelschwund auf. *Kalium jodatum C 6* hat sich als Zwischengabe bewährt.

# N

## Nackenschmerzen

**Problem:** Der Betroffene ist halsstarrig und versucht unter allen Umständen, seinen Willen durchzusetzen.

**Massage:** Solarplexus 1, Nacken 7, Wirbelsäule 37 (besonders das Steißbein am Ende der Wirbelsäule). Massage der Lymphbahnen 52.

## Nebenhöhlenentzündung

Problem: Dem Betroffenen stinkt etwas; er hat die Nase voll. Er setzt sich mit dem Konflikt aber nicht direkt auseinander.
Massage: Solarplexus 1, Oberkopf und Stirnhöhlen 2, Nebenschilddrüse 8. Nase, Lunge und Dickdarm gehören zum Element Metall, deshalb Lunge und Bronchien 14, Bronchialröhre 15, Dickdarm 28—32, Lymphbahnenmassage 52.
Homöopathie: *Hepar sulfuris LM 6* bei Stichen in den
Nebenhöhlen. *Hydrastis LM 6*, wenn die Nase wässrig läuft. Bei gelbgrünem Ausfluss hilft *Pulsatilla C 30* gut.

## Netzhautentzündung und -ablösung

Problem: Die Augen vermitteln dem Menschen 70—80 % seiner Sinneseindrücke. Eine Trübung der Netzhaut verringert die Wahrnehmung, eine Ablösung lässt das Auge erblinden. Das Auge ist wie Galle und Leber dem Element Holz (Ärger und Zorn) zugeordnet.
Massage: Solarplexus 1, Hypophyse 6, alle Innenseiten der
Zehen mit den Kopflymphbahnen durcharbeiten, dabei den Augenpunkten 10 besondere Aufmerksamkeit schenken, Galle 21 und Leber 22 (unterdrückte Aggressionen – Identitätskrise), Nebenniere 23 (Adrenalin und Cortison), Niere, Harnleiter und Blase 24—26, Lymphbahnenmassage 52.
Homöopathie: Empfohlen wird *Digitalis LM 6* oder *Gelsemium LM 6*—24. Ich selbst habe noch keine Erfahrungen mit dieser Erkrankung.

## Nervosität

Problem: Nervosität wird von Angst, Hast und konfusem Denken begleitet.
Massage: Solarplexus 1, Hypophyse 6, Nebenschilddrüse 8
(Calciumstoffwechsel – gestört durch Kaffeekonsum, deshalb einschränken). Schilddrüse 16, Magen 18, Bauchspeicheldrüse 20, Galle und Leber 21—22, Nebenniere 23 (Adrenalin), Niere,

Harnleiter und Blase 24—26. Zur Harmonisierung und Stärkung des gesamten Organismus Massage der Wirbelsäule 37, Abschlusslymphbahnenmassage 52.

 Homöopathie: *Cimicifuga LM 24* für überreizte und widerspruchsvolle (widersprechende oder widersprüchliche) Menschen; *Ignatia LM 24* hilft Frauen, die stillen Kummer haben und zur Hysterie neigen. *Ambra C 200* hilft nach langen Nachtwachen. *Coffea C 6* heilt Frauen, die sich leicht überdreht fühlen.

## Neuralgie

 Problem: Anfallartige Schmerzen mit Sensibilitätsausfall und Lähmungserscheinungen, häufig am Trigeminusnerv im Gesicht. Tritt oft nach einer Auseinandersetzung auf, bei der sich der Bertoffene schuldig gefühlt hat.

 Massage: Solarplexus 1, Schläfenseite 4 (Trigeminus), Hirnstamm und Hypophyse 5 und 6, Nebenschilddrüse 8, Nebenniere 23, Niere, Harnleiter und Blase 24—26, Wirbelsäule 37 und Lymphbahnenmassage 52.

Homöopathie: *Argentum nitricum C 200* für Menschen mit vielen Ängsten und fehlender Geborgenheit. Wenn die Neuralgie als Folge von Ärger und Stress auftritt – *Nux vomica LM 6*. *Causticum C 30* bei Gesichtsschmerz nach Verlust eines Verwandten oder nach Sorgen um andere Menschen.

# O

## Ödeme

 Problem: Ansammlung von Wasser im Gewebe, manchmal verbunden mit einer Rechtsherzinsuffizienz.

 Massage: Solarplexus 1, Hypophyse 6, Herz 17, Nebenniere 23, Niere, Harnleiter und Blase 24—26, Milz 33 (Lymphe), Lymphbahnenmassage 52.

 Homöopathie: *Apis C 6* im Wechsel mit *Berberis C 30* zur Stärkung der Nieren.

## Ohnmacht

Problem: Der Betroffene fühlt sich einer Situation nicht gewachsen.
Massage: Solarplexus 1 (sympathisches Nervensystem), Kleinhirn 5, Hypophyse 6, Nebenschilddrüse 8 und Schilddrüse 16, Herz 17, Bauchspeicheldrüse 20, Galle und Leber 21—22, Nebenniere 23 (Adrenalin). Zur Stärkung des Rückgrats den Wirbelsäulenpunkt 37 massieren, Abschlussmassage an den Lymphbahnen 52.
Homöopathie: Mädchen in der Pubertät werden bei Ohnmacht  mit *Pulsatilla C 200* kuriert.

## Ohrensausen

Problem: Ein angstbesetzter Konflikt, den der Betroffene nicht hören wollte, bedingt oftmals einen Hörsturz.
Massage: Solarplexus 1 und alle Kopfpunkte von 2—9, besonders die Ohrenpunkte 10. Ohren und Nieren gehören dem Element Wasser/Gefühl/Angst an; Massage der Nebenniere 23, Niere, Harnleiter und Blase 24—26, Lymphbahnenmassage 52.
Homöopathie: Männern hilft häufig *Lycopodium C 30*, aber auch  *Natrium muriaticum C 30* zeigt gute Ergebnisse. *Causticum C 200* nützt Menschen, die sich viel um andere sorgen.

## Osteoporose

Problem: Skeletterkrankung im Alter durch Selbstwerteinbruch.
Massage: Solarplexus 1, Hypophyse 6, Nebenschilddrüse 8 (Calcium), Schilddrüse 16 (Stoffwechsel), Nebenniere 23, Niere, Harnleiter und Blase 24—26, Gebärmutter 38 und Eierstöcke 50 zur Hormonanregung. Lymphbahnenmassage 52 als Abschluss.
Homöopathie: Frauen hilft neben *Calcium carbonicum C 1000*  auch *Ovaria LM 18*, um die Hormonproduktion zu unterstützen.

# P

## Parkinson-Syndrom – Schüttellähmung

 Problem: Kontrollverlust über die Bewegungen des Körpers, dabei ein starker Wunsch, über alles die Kontrolle zu behalten. Maskengesicht, es wird keine Gefühlsregung gezeigt, aber innerlich herrscht eine starke Melancholie. Die Schritte werden zu einem schlurfenden Gang.

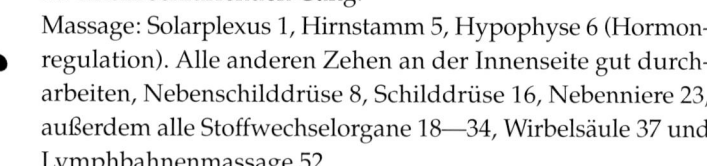 Massage: Solarplexus 1, Hirnstamm 5, Hypophyse 6 (Hormonregulation). Alle anderen Zehen an der Innenseite gut durcharbeiten, Nebenschilddrüse 8, Schilddrüse 16, Nebenniere 23, außerdem alle Stoffwechselorgane 18—34, Wirbelsäule 37 und Lymphbahnenmassage 52.

Homöopathie: Ungeheure Erregung des Nervensystems, der Betroffene beklagt sich und ist unzufrieden; diese Symptome bedürfen *Zincum metallicum LM 6—24*. Hilfreich bei ähnlicher Symptomatik ist *Causticum C 200* und *Sulfur C 200*. *Rhus tox C 30* für Betroffene, die in ihren Emotionen und ihrem Gesichtsausdruck steif sind; innere Unruhe lässt sie umherstreifen, der Kopf zittert.

## Parodontose

 Massage: Nebenschilddrüse 8, alle Stoffwechselorgane 18—34, Ober- und Unterkiefer 42—43 in den Zwischenräumen der Zehen, Punkt 48 bei Parodontose, Lymphbahnenmassage 52.

## Prostatastörung

 Problem: Der Betroffene befürchtet das Altern und den Verlust seiner Sexualität.

 Massage: Solarplexus 1, Kleinhirn 5, Hypophyse 6 (Hormonausgleich), Schilddrüse 16 (steht in enger Beziehung zur Keimdrüse), Nebenniere 23, Niere Harnleiter und Blase 24—26, Prostata 39 und Keimdrüsen 50, Abschlussmassage an den Lymphbahnen 52.

Homöopathie: Zum Ausleiten des Überdrucks bei Prostata-
beschwerden hat sich *Sabal C 6* bewährt, im Wechsel mit *Agnus
castus C 6*.

## *Psoriasis* (Schuppenflechte)

Problem: Der Mensch fühlt sich unsicher und macht sich aus
Angst über die Haut unberührbar.
Massage: Solarplexus 1, Hypophyse 6, Nebenschilddrüse 8,
Schilddrüse 16 (Stoffwechsel), Nebenniere 23 (Adrenalin und
Cortison) Niere, Harnleiter und Blase 24—26 (Wasserelement/
Angst) außerdem alle Stoffwechselorgane von 20—34,
Lymphbahnen 52.
Homöopathie: *Psorinum C 10000*; bei Hautausschlag am Kopf
ist *Graphites C 30* hilfreich.

# R

## *Rheuma*

Problem: Übersäuerung des Gewebes; chronische Bitterkeit
und kritische Haltung der Umwelt gegenüber.
Massage: Solarplexus 1, Hypophyse 6, Nebenschilddrüse 8,
Schilddrüse 16 (Stoffwechsel), alle Stoffwechselorgane 18—34,
besonders Bauchspeicheldrüse, Massage des betroffenen
Punktes, Lymphbahnen 52.
Homöopathie: *Arnica C 30* im Wechsel mit *Rhus tox C 6*. *Bryonia
C 30* und *Abrotanum LM 6* sind angezeigt bei rheumatischer
Erkrankung unter Beteiligung des Herzens. Ist der Betroffene
sauer, weil er sich nicht zu leben traut – *Acidum benzoicum LM
6* und *Kalmia lat. C 30*.

## *Rückenschmerzen*

Problem: Schmerzen im Lendenwirbelbereich. Der Betroffene
sorgt sich um materielle Dinge und fühlt sich finanziell nicht
genügend unterstützt.

Massage: Solarplexus 1, Wirbelsäule mit dem betroffenen Bereich 37, eventuell auch Schulter oder Beckengürtel mit der Hüfte 51, Massage der Lymphbahnen 52.

 Homöopathie: *Natrium muriaticum C 30—200* hilft bei Schmerzen im Kreuzbeinbereich hervorragend.

# S

## Scheidenkrampf/-jucken

 Problem: Ein Krampf tritt bei Angst vor Verlust ein. Scheidenjucken entsteht durch Mykosen (Pilzerkrankung) oder wenn die Sehnsucht nach einem Partner besteht, und ein Partner fehlt.

 Massage: Solarplexus 1, Hypophyse 6, Wirbelsäule 37, Gebärmutter 38, Scheide 39, Lymphbahnenmassage 52.

## Schnupfen

 Problem: Der Betroffene »hat die Nase voll«.

Massage: Solarplexus 1, Stirn und Nase 3, Stammhirn 5, Hypophyse 6, Lunge und Bronchien 14, Dickdarm 28—32. Nase, Lunge, Dickdarm gehören zum Element Metall und unterstützen sich bei der Heilung. Lymphbahnenmassage 52.

 Homöopathie: *Rhus tox C 6* nach Unterkühlung und Durchnässung, *Allium cepa C 30*, wenn der Schnupfen im Freien besser wird. *Pulsatilla C 6* bei grünlicher Absonderung, ist der Schnupfen dabei trocken – *Kalium bichromicum C 6.*

## Schulterschmerzen

 Problem: Eine Last auf den Schultern tragen, sich überlastet fühlen.

 Massage: Solarplexus 1, Hypophyse 6, Schultergelenk 11, Schulter 12, Trapezmuskulatur 13, Wirbelsäule 37 und Hüftpunkt 51, korrespondiert mit dem Schulterpunkt, Lymphbahnenmassage 52.

Homöopathie: *Rhus tox C 6* und *Lycopodium LM 30* sind bei
Wetterfühligkeit hilfreich. *Chelidonium C 6* bei Schmerzen im
rechten Schulterblatt, ein gutes Mittel bei unterdrückten
Aggressionen. Bei vollblütigen Frauen, die den rechten Arm
nicht heben können, gebe ich *Sanguinaria C 30*. Wenn eher die
linke Seite betroffen ist, verbunden mit rheumatischem Reißen
– *Ferrum metallicum LM 6*.

## Schwangerschaft

Massage: Solarplexus 1, Hypophyse 6 sowie sehr sanft alle
Organe, an der Gebärmutter 38 und Eileiter 50, nur ein sanftes
Streichen und Halten der Ferse, Brustzone 47, Lymphbah-
nenmassage 52.

## Schwindel

Problem: Angst, der Realität ins Auge zu blicken.
Massage: Solarplexus 1, alle Kopforgane 2—10, besonders die
Innenseite der Zehen gut durcharbeiten. Massage der Wirbel-
säule 37, Gleichgewichtsorgan 45, Lymphbahnenmassage 52.
Homöopathie: *Agaricus LM 6* hilft Menschen, die sich ihren
Lebensaufgaben nicht gewachsen fühlen. *Cocculus LM 6* heilt
Schwindel, der morgens beim Aufstehen auftritt.

## Stirnhöhlenvereiterung

Problem: Dem Konflikt mit einem nahestehenden Menschen
nicht die Stirn bieten wollen. Der Betroffene ist sehr reizbar.
Massage: Solarplexus 1, Stirnhöhlen 2, Nase und Stirn 3, Lunge
und Bronchien 14 und 15, Dickdarm 28—32, Lymphbahnen-
massage 52.
Homöopathie: *Cinnabaris C 30* heilt Stirnhöhlenvereiterung.
*Natrium muriaticum C 30*, wenn der Schnupfen in warmen
Räumen stärker wird.

# T

## Tumor

 Massage: Den ganzen Fuß gut durcharbeiten, besondere Aufmerksamkeit dem Organpunkt widmen, an dem der Tumor lokalisiert ist, Nebenniere 23 (Adrenalin und Cortison), Milz 33, Mandeln 41, Lymphbahnen 52.

# U

## Übergewicht

 Problem: Der Betroffene verspürt große Unsicherheit und Verlustängste.
Massage: Solarplexus 1, Kleinhirn 5 und Hypophyse 6 (Hormone), Nebenschilddrüse 8 und Schilddrüse 16 (Stoffwechsel), alle Stoffwechselorgane von 18—34, insbesondere die Nebennieren 23, Niere, Harnleiter und Blase 24—26 (Gefühlselement), Lymphbahnenmassage 52.

# V

## Vegetative Störung

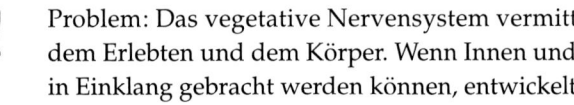 Problem: Das vegetative Nervensystem vermittelt zwischen dem Erlebten und dem Körper. Wenn Innen und Außen nicht in Einklang gebracht werden können, entwickelt sich eine vegetative Störung.
 Massage: Solarplexus 1 (vegetatives Nervensystem), Kleinhirn 5 und Hypophyse 6 sowie alle Punkte bis 34, Gebärmutter 38 und Eierstöcke 50 (zur Harmonisierung der Hormone), Lymphbahnen 52.

## Verbrennung

Massage: Solarplexus 1, Hirnstamm 5 und Hypophyse 6 (Schockzustand), Nebenschilddrüse 8. Massage der Reflexzonen des entsprechenden Organs, Nebenniere 23 (Adrenalin und Cortison), Niere, Harnleiter und Blase 24—26, Dickdarm 28—32 (unterstützt die neue Hautbildung). Lymphbahnenmassage 52.
Homöopathie: *Causticum C 6* und *Cantharis C 6*.

## Verstopfung

Problem: Der Betroffene hat Angst loszulassen und behält alles in sich.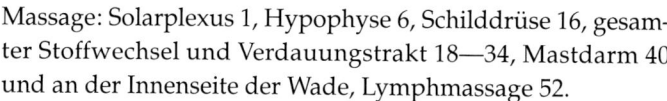
Massage: Solarplexus 1, Hypophyse 6, Schilddrüse 16, gesamter Stoffwechsel und Verdauungstrakt 18—34, Mastdarm 40
und an der Innenseite der Wade, Lymphmassage 52.
Homöopathie: *Opium C 30* bei Darmlähmung, *Plumbum metallicum C 30* bei hartnäckiger Verstopfung.

# W

## Wachstumsstörungen

Massage: Solarplexus 1, Hirnstamm 5 und Hypophyse 6 (Wachstumshormon), alle Punkte bis Lymphbahnenmassage 52.
Homöopathie: Kleinwuchs und Wachstumstörung – *Barium carbonicum C 200* und *Agaricus LM 24*.

# Z

## Zahnfleischentzündung

Problem: Der Betroffene hat nicht den richtigen »Biß«, kann sich nicht entscheiden.
Massage: Alle Kopfzonen 2—10, besonders die Oberseiten der Zehen mit dem entsprechenden Parodondosepunkt 48,
Nebenniere 23 (Adrenalin), Lymphbahnenmassage 52.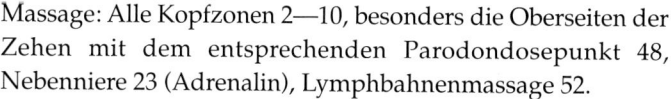

## Zwölffingerdarmgeschwür

**Problem:** Der Betroffene kann Ärger mit Familienangehörigen nicht verdauen; der Brocken ist zu groß.

**Massage:** Solarplexus 1, Hirnstamm und Hypophyse 5—6, Schilddrüse 16, alle Stoffwechselorgane 18—34 zur Harmonisierung, besonders Zwölffingerdarm 19, Lymphbahnenmassage 52.

**Homöopathie:** *Ornithogallum* C 4 ist ein hervorragendes Mittel bei Geschwüren in Magen, Zwölffingerdarm und Darm.

# Schlusswort

■ »Die Reise von tausend Meilen beginnt dort wo deine Füße stehen« ■

Tao de King

Wenn man eine Reise durch den Körper beginnt, ist es sinnvoll, erst einmal seinen eigenen Standpunkt zu erkennen und seine Füße näher zu betrachten. Bewusstes Umgehen mit unserem Körper und besonders mit den Füßen verwurzelt uns im Leben. Die Füße zeigen uns, wie Wille und Kraft über die Bewegung im Körper integriert werden. Die Sprache des Körpers gibt uns Aufschluss über die untrennbare Verbindung von Körper und Seele. Unsere gesamte Lebenserfahrung drückt sich in unserem Körper aus. Wenn der Körper krank wird, ist das ein Zeichen, dass die Lernaufgabe vom Menschen geistig nicht zu lösen war und in den Körper eingesunken ist. Krankheiten bringen uns oft auf neue Wege und zu alternativen Heilweisen. Die verschiedenen Formen von Fußmassage in Verbindung mit der Körpersprache können eine Antwort auf die unterschiedlichsten Störungen geben und ein tiefes Verständnis für den Körper schaffen. Das Mysterium Körper findet sich als Ganzes im Kleinen wieder – in unseren beiden Füßen. Ich hoffe, dass die Informationen, die wie Flüsse aus verschiedenen Richtungen zusammengeflossen, sind, erkennen lassen, wie die Zuwendung in der liebevollen Massage der Füße, die Brücke zwischen Körper und Seele bauen kann. Ergänzende Inhalte können Einsicht in Ursache und Wirkung im Leben ermöglichen. Durch ein größeres Wohlbefinden öffnet sich eine Tür, so dass der Körper zum Tempel auf Erden werden kann.

■ Eine Brücke zwischen Körper und Seele schaffen. ■

# Anhang

## Füße – das Tor zur Körpersprache: Eine Trance

In Trance haben Sie Zugang zu Ihren verdrängten, unbewussten Anteilen und können die Ursachen einer körperlichen Veränderung und Erkrankung erkennen. Ich habe eine einfache Trance ausgewählt, die für jede Leserin und jeden Leser einfach nachzuvollziehen ist, um die unterbrochene Kommunikation mit dem Körper wieder aufzunehmen.

Sie können die Trance auf ein Tonband sprechen und eine sanfte Meditationsmusik unterlegen. Sie können aber auch eine Freundin oder einen Freund bitten, Ihnen dabei zu helfen, in Kontakt mit Ihrer kreativen, inneren Weisheit zu treten.

*»Suche Dir einen ruhigen Platz, wo Du ungestört bist, und lege Dich auf eine Decke oder Unterlage. Bringe Deine Füße so nah wie möglich zusammen, so dass sie eine Einheit bilden. Lasse sie aber entspannt nebeneinander liegen, und spüre, wie Deine Unterschenkel von der Unterlage getragen werden und wenn Du eine Spannung in den großen Muskeln Deiner Oberschenkel wahrnimmst, kannst Du sie ganz einfach gehenlassen. Dabei spürst Du, wie Dein Körper tiefer und tiefer in die Unterlage einsinkt ... und während Dein Atem kommt und geht, nimmst Du den Rhythmus des Atems wahr, der so wie Ebbe und Flut, und Tag und Nacht den Rhythmus des Kommens und des Gehens beinhaltet, dabei fühlst Du, wie das Ein- und Ausatmen Dich mehr und mehr entspannt, bis zu einem Punkt, wo es Dir gut geht und Du möchtest, dass es so bleibt ... und mit diesem Gefühl, dass Dich wohlig und warm umfängt, stellst Du Dir vor, dass Du Dich wie durch die Linse eines Fotoapparates siehst und auf Dich herniederblickst. Dabei erscheint vor Deinem inneren Auge das verkleinerte Abbild von Dir ... und es ist, als ob Du durch eine Lupe*

*schaust … und ganz allmählich nimmt das Bild die Größe Deiner*
*Füße an, und Du projizierst dieses Bild auf Deine Füße, wie man ein*
*Bild auf eine Leinwand projiziert, und dabei lässt Du Deinen Körper*
*aufsetzen, und vielleicht nimmst Du wahr, wie sich das Bild Deines*
*Kopfes auf die Zehenglieder legt und wie Dein Oberkörper sich über*
*den Ballenbereich der Füße legt. Während die weiche Fläche des Fußes*
*den Bauchraum Deines Körpers aufnimmt, bekommst Du mögli-*
*cherweise ein Gefühl dafür, wie die Fersen, als ob es Deine Pobacken*
*wären, den Körper stützen und Du die Beine in Richtung der Knöchel*
*ausstreckst. Du kannst spüren, wie Deine Füße auf der Unterlage*
*aufliegen und wie ein Mensch, der sitzt die Wirbelsäule aufrichtet.*
*Über die Innenseite des Fußes spürst Du den Halt, den der Fuß über*
*die Punkte erfährt, die die Wirbelsäule reflektieren. Du lässt Deine*
*Aufmerksamkeit über die Innenseite der Füße bis zu den Zehen glei-*
*ten, und Du erkennst das Bild des Kopfes wieder … Da wird Dir die*
*Verbindung zu Deinem Kopf bewusst, und vor Deinem inneren Auge*
*entsteht das Bild von Augen, Nase und Ohren, mit der sensorischen*
*Verbindung zur Zirbeldrüse und zur Hypophyse, die Deine gesam-*
*ten hormonellen Vorgänge und Dein Wohlbefinden steuert, und Du*
*bekommst möglicherweise eine Ahnung davon, wie sich das Große*
*im Kleinen widerfindet … und während Du Dich freust, mehr von*
*den Geheimnissen deines Körpers zu verstehen, entsteht in Dir ei-*
*ne Ahnung, dass alle Erfahrungen und alle Gefühle, die Dein Leben*
*geprägt haben, sich wie ein Fingerabdruck in Deinem Körper und in*
*deinen Organen und als verkleinertes Abbild an Deinen Füßen wie-*
*derfinden … der rechte Fuß spiegelt die rechte Seite wider, und der*
*linke Fuß die linke Seite. Und während Du dieses kleine Wunder*
*wahrnimmst, erlaubst Du Dir, eine Reise durch diese verkleinerte*
*Welt zu machen, in der jede Veränderung Deines Körpers Dir auch*
*in den Füßen begegnet, und jedes Detail wie auf einer Landkarte auf-*
*zeichnet … und Du erlaubst Dir, den Flüssen Deines Lebens zu fol-*
*gen und öffnest Dich dafür, was Dein Körper und Deine Organe Dir*
*zu erzählen haben … und wie sich die Verbindung anfühlt, die Dein*
*Körper zu den Füßen hat. Und während Du Dich bereitmachst, auf*
*die Reise zu Dir und Deiner inneren Welt zu gehen, … lade ich Dich*
*ein, den Kontakt, den Du hergestellt hast, zu vertiefen und zu nähren,*
*so dass Du die Sprache des Körpers verstehen lernst, die Dich näher*

*zu Dir selbst bringt ... und dann nimm einen tiefen Atemzug, und bei drei nimmst Du den Raum wahr und spürst, wie Du auf der Unterlage liegst, bei zwei spürst Du Deinen Körper und bewegst Dich leicht, bei eins kannst Du die Augen aufschlagen und erinnerst Dich an alles, was gewesen ist, und wenn Du bereit bist, kannst Du Dich ganz langsam, in der Zeit, die Dir gemäß ist, aufrichten.«*

Diese Trance ist eine Möglichkeit, mit dem Körper zu kommunizieren und ein Neuordnen eines Prozesses einzuleiten. Seele und Natur befinden sich in einem dauernden schöpferischen Prozess, sie brauchen kreative Unterstützung, um sich den veränderten Umständen anpassen zu können. Ein Symptom eines Körpers ist nur Ausdruck einer momentanen Unfähigkeit, in der Gegenwart angemessen mit der Situation umzugehen. Das Symptom weist uns darauf hin, dass »innere Arbeit« zu tun gibt. Mit dem bildhaften Erleben und der Wahrnehmung der Gefühle werden ganzheitliche Prozesse möglich, die über die enge Verbindung der Seele-Körper-Einheit entstehen.

## ■ Kontaktadressen ■

Nachfolgend gebe ich Kontaktadressen von Therapeuten an, die sich in liebevoller, achtsamer Weise mit den unterschiedlichen Methoden der Körperarbeit, die zur ganzheitlichen Heilung beitragen, befassen.

*Deutschland*

Elisabeth und Werner Ackermann, Heilpraktiker, Einzelsitzungen und Kurse in Fußreflexzonen-Aroma- und Rebalancingmassage, Kastanienweg 45, D–86169 Augsburg, Telefon + 49 ([0] 8 21) 70 85 98, Fax + 49 ([0] 8 21) 7290507, Homepage: www.dasdojo.de

Sabine von Ouwerkerk, Heilpraktikerin, Einzelsitzung in Homöopathie und Fußreflexzonenmassage, Marienfelder Straße 30, D–15831 Mahlow – Waldblick, Telefon und Fax + 49 ([0] 3 37 93) 2 06 13

*Schweiz*

Praxis für ganzheitliche Gesundheit, Ursula Bönicke, Ayurvedische Massage und Ausbildung in Fußreflexzonenmassage und Energiearbeit, Lehenmattstraße 216, CH–4052 Basel, + 41 ([0] 61 31) 2 83 81

Über die Autorin

Deva Vanshi Anita Hinterschuster ist Heilpraktikerin und führt aus langjähriger Erfahrung in ihrer Praxis eine ganzheitliche Fußreflexzonentherapie durch. Sie schult Heilpraktiker in körperorientierter Psychologie und hält viele Vorträge. Ihr Hauptaugenmerk liegt auf der Wiederherstellung der Harmonie zwischen Körper und Seele.

Naturheilpraxis Anita Hinterschuster, Heilpraktikerin, Ausbildungsleitung der Schule Tat Tvam Asi zum Heilpraktiker in körperorientierter Psychotherapie, Niedergründauer Straße 36, D–63505 Langenselbold, Telefon + 49 ([0] 61 84) 73 25, Fax + 49 ([0] 61 84) 73 47, Homepage: www.TatTvamAsi.de, Email: info@tattvamasi.de

# Stichwortregister

## Literatur- und Bildnachweis

Füße, die Dich tragen von Dr. Paul C. Bragg, Waldthausen Verlag, 1996.
The Dynamic Way of Meditation – The Release an Cure of Pain and Suffering Through Vipassana Meditative
    Techniques von Dhiravamsa, Aquarian Press, 1989
Vipassana-Meditation von Joseph Goldstein, Arbor Verlag, 1999
Geschichten, die die Füße erzählen können – Geschichten, die die Füße erzählt haben von Eunice D.
    Ingham, Drei Eichen Verlag, 1994
Reflexzonenarbeit am Fuß von Hanne Marquardt, Karl F. Haug Verlag, 1994
Das Buch der Heilung von Osho, Wilhelm Heyne Verlag, 1997
Die Metamorphische Methode, Grundlagen und Anwendung von Debbie Shapiro und Gaston Saint-Pierre,
    Ryvellus Medienverlag, 1983

Alle Abbildungen von Tat Tvam Asi bis auf die Seiten
11, 12, 20 und 36: Stephan Zimmermann, Grafik-Design, Stuttgart.
60 und 126/127: WV-Design, Wilhelm Völp, Maintal.
30: Rainbow Spirit Verlag, Karlsruhe.

# Rechte Fußsohle

1 Solarplexus
2 Oberkopf und Stirnhöhlen
3 Nase, Stirn
4 Schläfenseite, Trigeminus
5 Hirnstamm, Kleinhirn
6 Hypophyse
7 Nacken (Medulla oblongata)
8 Nebenschilddrüse
9 Auge
10 Ohr
11 Schultergelenk
12 Schulter (Lymphknoten)
13 Trapezmuskulatur
14 Lunge, Bronchien
15 Bronchialröhre
16 Schilddrüse
17 (Reflexzonen nur an der
  linken Fußsohle)
18 Magen
19 Zwölffingerdarm
20 Bauchspeicheldrüse
21 Gallenblase
22 Leber
23 Nebenniere
24 Niere
25 Harnleiter
26 Blase
27 Ileocoecalklappe
28 Blinddarm (Appendix)
29 aufsteigender Dickdarm
30 querverlaufender Dickdarm
31 (Reflexzonen nur an der
  linken Fußsohle)
32 (Reflexzonen nur an der
  linken Fußsohle)
33 (Reflexzonen nur an der
  linken Fußsohle)
34 Dünndarm
35 Knie
36 Ischiasnerv

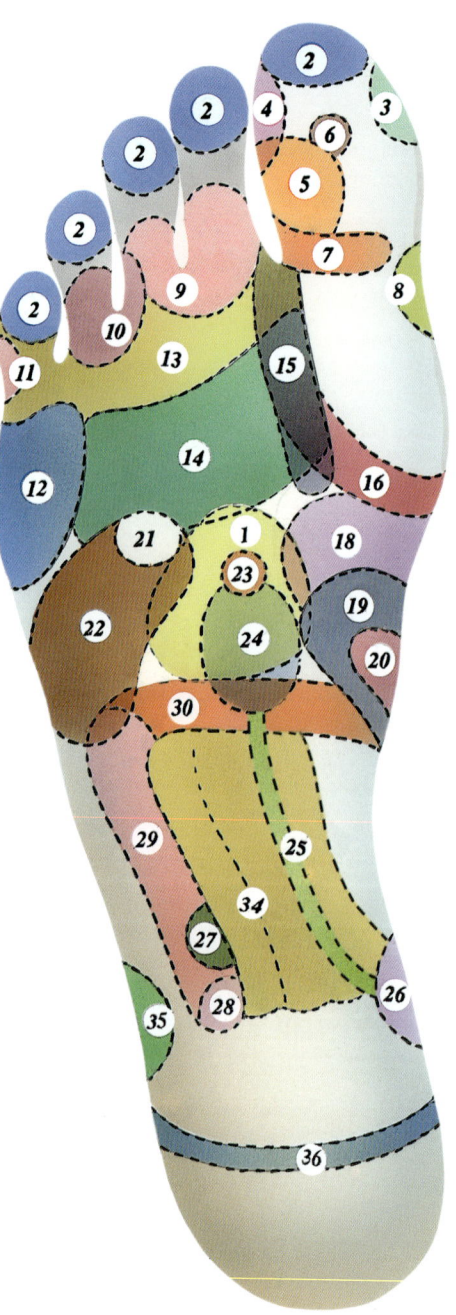

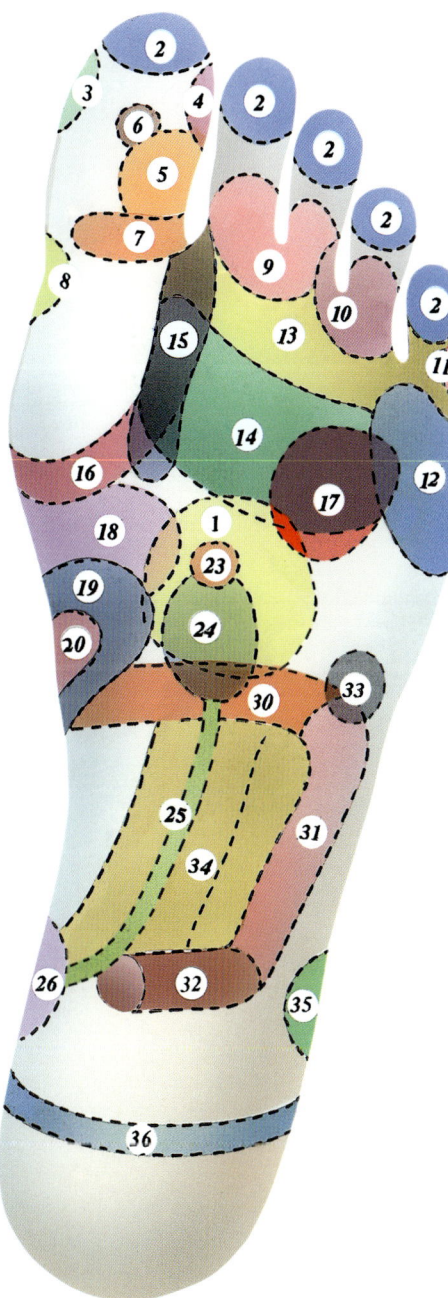

## Linke Fußsohle

1 Solarplexus
2 Oberkopf und Stirnhöhlen
3 Nase, Stirn
4 Schläfenseite, Trigeminus
5 Hirnstamm, Kleinhirn
6 Hypophyse
7 Nacken (Medulla oblongata)
8 Nebenschilddrüse
9 Auge
10 Ohr
11 Schultergelenk
12 Schulter (Lymphknoten)
13 Trapezmuskulatur
14 Lunge, Bronchien
15 Bronchialröhre
16 Schilddrüse
17 Herz
18 Magen
19 Zwölffingerdarm
20 Bauchspeicheldrüse
21 (Reflexzonen nur an der rechten Fußsohle)
22 (Reflexzonen nur an der rechten Fußsohle)
23 Nebenniere
24 Niere
25 Harnleiter
26 Blase
27 (Reflexzonen nur an der rechten Fußsohle)
28 (Reflexzonen nur an der rechten Fußsohle)
29 (Reflexzonen nur an der rechten Fußsohle)
30 querverlaufender Dickdarm
31 absteigender Dickdarm
32 Mastdarm
33 Milz
34 Dünndarm
35 Knie
36 Ischiasnerv

*Ratgeber für ein gesundes Leben*
*Bücher zur ganzheitlichen Medizin*
*aus dem fit fürs Leben Verlag*

**fit fürs Leben Verlag**

*TouchLife –*
*Massage, die schön macht*

Natürliches Lifting für
Körper und Geist

von Frank B. Leder und
Kali S. Gräfin von Kalckreuth

TouchLife ist die einzigartige
Form einer ganzheitlichen
Massage, die Berührung mit
Gespräch, Atem, Energie-
ausgleich und Achtsamkeit
verbindet

ISBN 3-89526-028-2

*Das Buch der ganzheitlichen*
*Darmsaniereung*

Gesund durch Colon-Hydro-
Therapie

von Dr. med.Thomas Schultz
Wittner (Hg.)

Die ganzheitliche Darmsanie-
rung als wirkungsvolle Methode zur Gesundheitsvorsorge,
zur Erlangung und Erhaltung
der Darmgesundheit.

ISBN 3-89526-016-9

*Lebenssaft reines Blut*

Vorbeugung von Über-
säuerung und Verpilzung

von Dr. Gerhard Orth

Traditonelle und moderne
Therapien der Blutreinigung,
die Diagnosemöglichkeiten
der Dunkelfeldmikroskopie
und Gesundheit durch
»reines« Blut.

ISBN 3-89526-021-5

*Impfschutz für Kinder*

Risiken und Alternativen.
Der homöopathische Weg

von Cynthia Cournoyer

Mögliche Alternativen zur
Immunisierung. Risiken und
Nutzen des Impfens werden
hier kritisch gegenüber-
gestellt.

ISBN 3-89526-019-3

Erhältlich in jeder Buchhand-
lung. Weitere Informationen
über Bücher zu natürlicher
Gesundheitund gesunder Er-
nährung erhalten Sie beim
fit fürs Leben Verlag in der
NaturaViva Verlags GmbH
Postfach 12 03
71256 Weil der Stadt.

Telefon + 49 (0) 70 33 / 52 98 30
Fax + 49 (0) 70 33 / 52 98 31

Email:
naturaviva@t-online.de